Melanie Eschle, Thorsten Jekel, Ralf Schmitt

30 Minuten

Digitale Events

Bibliografische Information der Deutschen Nationalbibliothek
Die Deutsche Nationalbibliothek verzeichnet diese Publikation in der Deutschen Nationalbibliografie; detaillierte bibliografische Daten sind im Internet über http://dnb.d-nb.de abrufbar.

ISBN 978-3-86936-265-6

Umschlaggestaltung: die imprimatur, Hainburg
Umschlagkonzept: Martin Zech Design, Bremen
Lektorat: Anna Ueltgesforth, Amorbach
Satz: Zerosoft, Timisoara (Rumänien)
Druck und Verarbeitung: Salzland Druck, Staßfurt

Wir drucken in Deutschland.

www.gabal-verlag.de
www.twitter.com/gabalbuecher
www.facebook.com/Gabalbuecher
www.instagram.com/gabalbuecher

PEFC zertifiziert
Dieses Produkt stammt aus nachhaltig bewirtschafteten Wäldern und kontrollierten Quellen.
www.pefc.de

In 30 Minuten wissen Sie mehr!

Dieses Buch ist so konzipiert, dass Sie in kurzer Zeit prägnante und fundierte Informationen aufnehmen können. Mithilfe eines Leitsystems werden Sie durch das Buch geführt. Es erlaubt Ihnen, innerhalb Ihres persönlichen Zeitkontingents (von 10 bis 30 Minuten) das Wesentliche zu erfassen.

Kurze Lesezeit

In 30 Minuten können Sie das ganze Buch lesen. Wenn Sie weniger Zeit haben, lesen Sie gezielt nur die Stellen, die für Sie wichtige Informationen beinhalten.

- Alle wichtigen Informationen sind blau gedruckt.
- Schlüsselfragen mit Seitenverweisen zu Beginn eines jeden Kapitels erlauben eine schnelle Orientierung: Sie blättern direkt auf die Seite, die Ihre Wissenslücke schließt.
- *Zahlreiche Zusammenfassungen innerhalb der Kapitel erlauben das schnelle Querlesen.*
- Ein Fast Reader am Ende des Buches fasst alle wichtigen Aspekte zusammen.
- Ein Register erleichtert das Nachschlagen.

Inhalt

Vorwort

Das Jahr 2020 wird rückblickend das Jahr werden, in dem digitale Events das Laufen lernten. Durch die Corona-Pandemie haben vor allem Unternehmen einen Digitalisierungsschub erhalten, der sich auch in Zukunft weiterhin auswirken wird. Social Distancing und die flächendeckende Notwendigkeit des Homeoffice haben dabei zu einem Perspektivwechsel und der Frage geführt: Wie können wir auch über die Distanz adäquat miteinander kommunizieren? Wie in Kontakt bleiben und im besten Fall ein Gemeinschaftsgefühl erzeugen?

Nach einer ersten Stornowelle und abgesagten Veranstaltungen ist nun eine neue Ära der digitalen Events angebrochen. Die Corona-Pandemie hat diese Entwicklung zwar beschleunigt, jedoch haben sich die Ansprüche an Events verändert: Vermehrt dezentrales Arbeiten, höheres Informationsaufkommen, schnellere Kommunikation, Digitalisierung in allen Lebensbereichen, Bedarf an Content, Kostenbewusstsein und darüber hinaus auch verstärkt ökologische Überlegungen sind allesamt Faktoren, die uns weg von klassischen Live-Events und hin zu digitalen und hybriden Events führen.

Bei diesem neuen Event-Format prallen die alte und die neue Welt an vielen Stellen aufeinander: Distanz der Teilnehmer vs. Bedürfnis nach Gemeinschaft, dezentrale Beteiligte vs. einheitliche Präsentation, Erzeugen von Emotionen vs. technische Nüchternheit. Diese Gegen-

sätze fordern Veranstalter dazu auf, nicht einfach nur alte Konzepte in ein neues Medium zu übertragen, sondern Events neu zu denken.
All diese Ansprüche unter einen Hut zu bekommen, dazu möchten wir Ihnen hier einen ersten Leitfaden geben. Zu diesem Zweck haben wir Ihnen aus unserer Praxiserfahrung mit der Konzeption und Durchführung von digitalen Events in ihren unterschiedlichsten Ausprägungen eine Einführung in die digitale Veranstaltungswelt erstellt, mit der Sie einen Überblick erhalten, wie Sie sich technisch gut aufstellen und dabei gleichzeitig eine spannende Symbiose zwischen der Online- und der Offlinewelt kreieren, die authentisch bei den Teilnehmern ankommt und sie vor allem auch emotional erreicht.

Für einen besseren Lesefluss wird auf die gleichzeitige Verwendung der weiblichen und der männlichen Form verzichtet.

Viele erfolgreiche digitale Events wünschen Ihnen

Melanie Eschle, Thorsten Jekel und Ralf Schmitt

30 MINUTEN

1. Einführung digitale Events

Bei den meisten Unternehmen sind Onlinestreams und Videomeetings infolge der Corona-Einschränkungen schneller als gedacht zu einem Teil des Arbeitsalltags geworden. Ebenso schnell war jedoch auch klar, dass die virtuelle Welt ihre Grenzen hat und der reine Informationsaustausch eben nur die halbe Miete ist.
Daher wurden viele klassische Kunden-Events und Branchenveranstaltungen im ersten Impuls abgesagt oder verschoben. Dabei geht es auch anders: dezentral, innovativ, interaktiv und sogar kostengünstiger – mit hybriden Online-Events.

1.1 Begriffsabgrenzung: online, digital und hybrid

Digitale Events können in unterschiedlichen Ausprägungen stattfinden, wie rein online, digital oder hybrid. In diesem Zusammenhang existieren zahlreiche ähnliche, aber auch zum Teil abweichende Definitionen. Zur besseren Einordnung werden die Definitionen der Eventtypen vorgestellt, auf die wir uns in unserer Veranstaltungspraxis beziehen.

Onlineveranstaltung

Die Grundidee einer reinen Onlineveranstaltung besteht darin, dass sie eine Gruppe von Menschen mit dem gemeinsamen Ziel, Inhalte in einem virtuellen Live-Format zu erleben, zusammenbringt.
Eine Onlineveranstaltung kann komplett dezentral stattfinden, wie z. B. innerhalb einer Konferenz per Videocall, wie Zoom oder Microsoft Teams. Hier loggen sich alle Teilnehmer auf einer gemeinsamen Plattform ein. Gespräche und Vorträge werden durch einen Gastgeber moderiert und der Bildschirm des Referenten kann für die Teilnehmer freigeschaltet werden, um Präsentationen oder Videos für die Zuschauer sichtbar zu machen.
Ein verbreitetes Missverständnis von digitalen Events ist, dass es sich einfach um ein Ereignis handelt, das live an ein Onlinepublikum gestreamt wird, wie z. B. bei Facebook live. Beste Beispiele, wie es eben nicht wirklich funktioniert, sind Geisterspiele im Fußballstadion

oder Live-Übertragungen von Konzerten in leeren Sälen. Das Kernelement findet zwar statt, wirkt auf den Teilnehmer jedoch eher wie ein Trauerspiel und hinterlässt mehr das Gefühl von Einsamkeit als die erwartete Euphorie. So einer Onlineveranstaltung fehlt schlicht der Eventcharakter.

In der digitalen Welt gelten die gleichen Regeln für eine Veranstaltung mit Eventcharakter wie in der analogen Welt. Eine Veranstaltung wird dann erst zu einem Event, wenn:

- sie in der Wahrnehmung der Teilnehmer einzigartig ist,
- sie dadurch zum Erlebnis/Ereignis wird,
- die Teilnehmer das Event durch Interaktion positiv wahrnehmen
- und zusätzlich zu der vorangestellten Planung die zu vermittelnden Inhalte bewusst inszeniert werden.

Digitales Event

Bei einem digitalen Event im Speziellen liegt der Schwerpunkt auf der Inszenierung der zu vermittelnden Inhalte und der interaktiven Einbindung der Teilnehmer. Bei einem reinen digitalen Event gibt es zwei Möglichkeiten der Durchführung:

Pure online

Bei einem reinen Online-Event sprechen wir auch von Desktop Broadcasting. Das bedeutet, dass das komplette Event zu 100 Prozent remote am Laptop oder PC stattfindet. Dazu wird die Veranstaltung aus einer technischen Zentrale heraus gesteuert und alle Beteiligten sowie die Zuschauer werden von ihren individuellen Standorten aus zugeschaltet.

Pop-Up-Studio

Bei einem Pop-Up-Studio kreieren Sie eine Aufnahmesituation für Ihren Sendestream, die als optische Basis für die Struktur der Veranstaltung dient. Das kann ein realer Raum sein, eine weiße Wand oder auch ein Greenscreen-Hintergrund. Aus diesem Pop-Up-Studio heraus erfolgt die Ansprache an die Teilnehmer. Dazu werden die einzelnen Zuspieler anmoderiert, Interviews geführt und interaktive Aktionen angeleitet. In dieser Version setzen sich die Zuschauer aus einem reinen Onlinepublikum zusammen und alle geladenen Gäste werden ebenfalls ausschließlich online zugeschaltet.

Hybrides Digitalevent

Ein digitales Event, das hybrid gestaltet wird, zeichnet sich dadurch aus, dass es die Online- mit der Offlinewelt geschickt verknüpft. Dazu gibt es vielfältige Möglichkeiten, die bewusst ausgewählt und eingesetzt werden. Das Event wird aus einer realen Location Ihrer Wahl heraus gestreamt. Hier sollte die Location Anlass und Inhalt des Events entsprechend gewählt werden. Häufig bietet es sich an, ein hybrides Event direkt aus der Firmenzentrale oder einem Hotel heraus zu streamen, aber auch eine elegante Bar ist für eine hybride

Abendgala denkbar. Alternativ bietet sich ein Veranstaltungsstudio mit Live-Atmosphäre oder auch einem Greenscreen als Veranstaltungsort an.
Bei einem hybriden Event können Zuschauer vor Ort live teilnehmen, aber auch Onlinezuschauer können das Event am Computerbildschirm, Tablet, Smartphone oder sogar Smart-TV verfolgen. Für den hybriden Charakter liegt der Fokus darauf, dass alle Zuschauer, egal ob live vor Ort, ergänzend zugeschaltet oder als reines Onlinepublikum, ganz gezielt interaktiv in das Veranstaltungserlebnis eingebunden werden und damit das gleiche Event gemeinsam so identisch wie möglich erleben. Ziel der Interaktion ist die Verstärkung des Involvements in das Kommunikationsziel der Veranstaltung, die Förderung der emotionalen Verbundenheit mit dem Thema und damit die Steigerung der anhaltenden Aufmerksamkeit.
Grundvoraussetzung hierfür ist – genauso wie bei einem Live-Event – eine genaue Planung zur Eventisierung der Themen sowie die Anpassung der Inhalte, an die besondere Situation und die Bedürfnisse der Teilnehmer am Bildschirm.
Die verschiedenen Programmpunkte eines hybriden Events können flexibel online wie analog in den Veranstaltungsablauf integriert werden. Interviews und Vorträge finden live vor Ort oder über Zuschaltungen statt. Ebenso kann das Unterhaltungsprogramm an die jeweiligen Rahmenbedingungen vor Ort oder online angepasst präsentiert werden.

30 *Ein digitales Event kann pure online, im Pop-Up-Studio oder hybrid vor Ort stattfinden. Dabei ist immer ein Onlinepublikum zugeschaltet, bei einer hybriden Version optional Live-Publikum vor Ort. Unerlässlich ist die auf das Onlinemedium angepasste Eventisierung der Themen der Veranstaltung, um für die Teilnehmer auch digital ein echtes Erlebnis zu schaffen.*

1.2 Videokonferenz vs. Stream

Im klassischen Unternehmensalltag haben Videokonferenzen in diesem Jahr einen großen Schub erlebt. Ein wesentlicher Grund für die gestiegene Nutzung von Plattformen wie Zoom oder Microsoft Teams ist zum einen der Bedarf an Lösungen für dezentrale Meetings und Konferenzen. Zum anderen trägt die weitverbreitete Verfügbarkeit von Hochgeschwindigkeits-Internetzugängen zur gestiegenen Nutzung bei. Der normale Durchschnittsmensch verfügt nun zu Hause oder im Büro über die Technologie, die er braucht, um unkompliziert und verlässlich an Videocalls teilzunehmen.
Dank der modernen Technik ist es heute zwar möglich, eine Konferenz einfach und schnell in einem Videocall zu präsentieren, doch wie so häufig liegt auch hier der Teufel im Detail. Schnell wird nach den ersten Teilnahmen klar, dass für digitale Events andere Regeln gelten als für Offlineveranstaltungen.

Das Kerngeschäft von Zoom, Microsoft Teams und anderen Anbietern sind klassische Videomeetings. Daher hat der Einsatz solcher Anbieter auch schnell seine Grenzen erreicht. Bei den meisten Anbietern sind neben der reinen Videoübertragung zwar auch die Freigabe des eigenen Bildschirms, Breakout Rooms und Chatfunktionen möglich – jedoch sind wir damit von einem Eventerlebnis noch weit entfernt.
Ein digitales Event wird über einen Stream gesendet, bei dem viele zusätzliche und vor allem auch externe Elemente und Tools eingefügt werden können. Viele dieser Elemente kennen Sie aus dem Fernsehen, wie:

- Bauchbinden für Vortragsredner
- Zuspieler
- Zuschauerabfragen
- Interaktive Tools
- Schaltung von verschiedenen Kameraperspektiven

Ergänzend ist die Sendequalität eines Streams in HD-Fernsehqualität möglich, wohingegen Bildschirmfreigaben mit Videokonferenztools häufig haken.

Videokonferenzen sind einfach durchzuführen, haben aber nur begrenzte Gestaltungsmöglichkeiten und eine niedrige Übertragungsqualität. Videomeetings sind mit alltäglichen Business-Meetings zu vergleichen und digitale Events mit einer Einladung in eine tolle Veranstaltungslocation.

1.3 Vorteile digitaler Events

Ein wichtiger Vorteil von digitalen Events und mit Sicherheit der Hauptgrund, warum diese Form der Veranstaltung aktuell so beliebt ist, ist die Möglichkeit, sie dezentral zu veranstalten.
In welcher Form Ihr digitales Event auch stattfindet, ob pure online, im Pop-Up-Studio oder als hybrides Event – Gäste können separat dazugeschaltet werden und ein fast unbegrenzt großes Publikum loggt sich von seinen individuellen Standorten aus in den Stream ein. Dieser Faktor führt zu einigen weiteren Vorteilen von digitalen Events:

Kostenersparnis

Im Vergleich zu einem Live-Event mit Bühnenausstattung fällt das benötigte Technikequipment bei einem digitalen Event sehr viel geringer aus. Natürlich reicht auch die Spannbreite bei digitalen Events von einer kleinen Digitalkamera im eigenen Büro bis hin zum voll ausgestatteten Filmstudio. Prinzipiell bewegen sich die Kosten jedoch in einem deutlich kleineren Rahmen als bei konventionellen Live-Veranstaltungen. Dank der dezentralen Durchführung eines digitalen Events entfallen klassische Kostenstellen, wie die Miete einer großen Veranstaltungslocation, Catering und Reise- und Übernachtungskosten der Teilnehmer.
Durch die Erreichbarkeit von jedem Ort der Welt mit Internetzugang müssen digitale Events nicht auf Tour

durch mehrere Städte geschickt werden, sondern können einmalig stattfinden und von der gesamten Zielgruppe zeitgleich besucht werden.

Mehr Menschen erreichbar

Bei einem digitalen Event senden Sie aus einem Studio hinaus in die Welt. Dabei sind Sie in der Reichweite zu Ihrem Publikum nicht limitiert – im Gegensatz zu einer gebuchten Location, in der nur eine bestimmte Anzahl an Gästen zugelassen ist.
Sie können z. B. eine Präsenzveranstaltung mit Livepublikum bei Ihnen vor Ort mithilfe digitaler Tools mit anderen Standorten weltweit in Echtzeit verweben. Warum also die gleiche Veranstaltung an mehreren Orten nacheinander stattfinden lassen?
Eine andere Möglichkeit ist die Ausstrahlung eines Events komplett ohne Livepublikum direkt an die einzelnen Teilnehmer an ihren Bildschirmen.

Unabhängiger umsetzbar

Bei einem digitalen Event braucht es im besten Fall einen zentralen Ort, von dem aus gesendet wird. Das kann ein festes Studio sein, aber auch ein Pop-Up-Studio, beispielsweise im Foyer der Firmenzentrale. Veranstaltungslocations sind oft schon Jahre im Voraus gebucht, ein digitales Event können Sie in dieser Hinsicht sehr kurzfristig umsetzen.
Auch spielen entfallende Reisezeiten einem digitalen Event in die Karten. Vortragsredner oder eingesetzte

Künstler müssen nicht vor Ort sein und sind daher häufig flexibler und kurzfristiger buchbar.

Aufzeichnung ist möglich

Ein Event ist nach seiner Definition einzigartig und nicht wiederholbar. Doch der Stream kann problemlos aufgezeichnet werden. Damit können die Inhalte im Anschluss wiederverwertet werden, um als wertvoller Content für Marketingaktionen, als Follow-up, für den Einsatz in den Social Media, als Inhalte für das Intranet oder Informationsvermittlung für zukünftige Mitarbeiter genutzt zu werden.

Umweltfreundlicher

Neben Zeit- und Kosteneinsparungen haben die vermeidbaren Reisetätigkeiten noch einen weiteren Pluspunkt. Laut atmosfair, einem Anbieter zur Kompensation von CO_2-Aufkommen, verursacht die An- und Abreise der Eventteilnehmer bereits 70 % aller CO_2-Emissionen eines Events. Weitere 15 % fallen auf die Unterkunft. Damit können digitale Events mindestens 85 % aller CO_2-Emissionen analoger Events bereits im ersten Schritt vermeiden.

Die dezentrale Durchführung von digitalen Events sorgt an vielen Stellen für Einsparungen, wie etwa bei Technik-, Reise-, Catering- und Locationkosten. Es können mehr Menschen erreicht werden, und gleichzeitig wird weniger CO_2 produziert.

1.4 Herausforderungen digitaler Events

So viele Pluspunkte digitale und vor allem hybride Events haben, so birgt dieses Eventformat auch Herausforderungen. Insbesondere die Distanz zwischen den Teilnehmern aber auch zwischen den Gestaltern eines solchen Events und den Gastgebern und ihren Gästen muss bedacht und in die Planung für eine möglichst reibungslose Kommunikation integriert werden.

Weniger persönlicher Austausch

Ein wichtiger Faktor auf Liveveranstaltungen, wie wir sie bisher kennen, ist der persönliche Austausch zwischen den Gästen. Wir sind Herdentiere und wollen socializen, Fachgespräche führen, Inspirationen sammeln und Kontakte knüpfen. Die Erfüllung dieses Bedürfnisses wird bei Präsenzveranstaltungen als gegeben hingenommen. Persönlicher Austausch trägt als großer Faktor zu einer erfolgreichen Veranstaltung bei, der erst auffällt, wenn er fehlt. Hier gilt es, besondere Angebote für den gegenseitigen Austausch sowie Netzwerkmöglichkeiten für die Teilnehmer eines digitalen Events in die Konzeption zu integrieren, um den Bedürfnissen aller Beteiligten gerecht zu werden.

Nestwärme fehlt

Alleine vor dem Bildschirm zu sitzen kann recht einsam sein. Ein gutes Event zeichnet sich durch seinen Erleb-

nischarakter und die Emotionalisierung der Teilnehmer aus. Jeder, der schon einmal im Fußballstadion oder Konzertsaal war, kennt diese überschwappende Welle von Gemeinschaftsgefühl.
Auch das Gefühl, als Gast willkommen zu sein und Wertschätzung entgegengebracht zu bekommen, muss bei einem digitalen Event gezielt aufgebaut werden, damit die Teilnehmer sich gut aufgehoben fühlen und nicht in der anonymen Masse untergehen.

Ich befinde mich in einer Filterblase

Auch aufseiten des Veranstalters und der Vortragsredner kommt es durch die fehlende Bühnen- und vor allem Publikumssituation zu einem Filterblaseneffekt. Es fehlen die Reaktionen und das direkte Feedback des Publikums. Wenn etwa von Kundenseite an den Moderator das Feedback gespiegelt wird: „Bitte nicht so flippig" ist das eine gefilterte Meinung, die nicht wie in einer Livesituation durch die direkten und spontanen Reaktionen des Publikums mit Applaus und Lachern beeinflusst wurde.

Technische Probleme

Bei allem technischen Fortschritt, den uns die Digitalisierung bietet, kommt es bei Online-Events immer mal wieder zu Komplikationen. Egal, wie gut man sich als Veranstalter absichert und vorab testet: Technische Fehler lauern an vielen Stellen. Aufseiten der Veranstalter kann es vorkommen, dass ein Server sich abschaltet oder eine Streaming-Plattform hakt. Zugeschaltete Vortragsredner wechseln vor dem Beitrag noch schnell das Ansteckmikro gegen ein Headset und kappen damit die getestete Audioverbindung, oder die Internetverbindung einiger Zuschauer steht nicht optimal. Fakt ist, Sie sind live und alle Teilnehmer werden Pannen mitbekommen, weil entweder der Stream nicht einwandfrei läuft oder weil Teilnehmer ihren Unmut im Chat kundtun. Ob selbst verschuldet, oder nicht: Fehler werden Ihnen als Veranstalter angelastet. Es ist daher ratsam, bereits bei der Planung Ihres digitalen Events für gute Kommunikationskanäle während der Veranstaltung zu sorgen, alle eingesetzten Elemente sorgfältig zu testen und technische Backups für alle Eventualitäten bereitzuhalten.

- ***Digitale Events können in sehr unterschiedlicher Ausprägung online, digital oder hybrid stattfinden.***
- ***Sie bieten durch die dezentrale Durchführung im Vergleich zu einem klassischen Live-Event Einsparungspotenzial bei vielen Kostenstellen und den entstehenden CO_2-Emissionen.***
- ***Möglichkeiten für persönlichen Austausch und Emotionalität müssen an die Rahmenbedingungen des Onlineformats angepasst werden. Generell sind alle Kommunikationskanäle auf Distanz schwieriger zu bedienen, und technische Fehler werden immer dem Veranstalter angelastet.***

30 MINUTEN

2. Dramaturgie und Zuschauerreise

Viele analoge Elemente, die ein Live-Event einzigartig und nachhaltig machen, lassen sich nicht eins zu eins auf die digitale Welt übertragen. Grund ist zum einen die veränderte Mediennutzung. Wir haben in der digitalen Welt gelernt und verinnerlicht, Informationen passgenau in leicht verdaulichen Häppchen zugespielt zu bekommen. Bei Nichtinteresse sind wir mit einem Swipe, Click oder Scroll innerhalb von Sekunden ans andere Ende des World Wide Web gesurft. Zum anderen ist die Gefahr, abgelenkt zu werden, weitaus größer, wenn wir alleine vor dem Bildschirm sitzen anstatt in der Menge eines Live-Publikums.

Bei der Konzeption eines erfolgreichen digitalen Events gilt es, die Bedürfnisse der Zuschauer sorgfältig in die Dramaturgie der Veranstaltung zu integrieren, um die Aufmerksamkeit auch über einen längeren Zeitraum hinweg aufrechtzuerhalten.

2.1 Die Story zu Ihrem digitalen Event

Neben der Frage, welche Inhalte vermittelt werden sollen, geht es bei der Gestaltung eines hybriden Events vor allem um das Wie. Wie können analoge und digitale Kommunikationsmöglichkeiten für das Event genutzt werden – und wie kann man sie standortunabhängig allen Teilnehmern zur Verfügung stellen? Das Ziel und die Herausforderung einer guten Veranstaltungsdramaturgie ist es, digitale Lagerfeuermomente zu schaffen. Sie geben den Teilnehmern das Gefühl, Teil einer großen Gemeinschaft zu sein.

Grundsätzlich sollte für Ihre Veranstaltung vorab klar sein, welche Story Sie erzählen wollen. Geht es darum, das Unternehmen innovativ und fit für die Zukunft zu präsentieren? Soll ein intensives Gemeinschaftsgefühl aufgebaut werden? Expertise gezeigt oder Produktinformationen vermittelt werden? Dazu gehören Überlegungen, wie:

- Wie werden die Redner angekündigt?
- Wo treten diese auf?
- Wie kann das Publikum Fragen stellen?
- Wie kann man Inhalte charmant zusammenfassen?
- Welche Unterhaltungselemente gibt es?
- Wie wird den Teilnehmern Interaktion und Austausch untereinander ermöglicht?
- Wo gibt es die Möglichkeit, die Teilnehmer zum Thema der Veranstaltung zu emotionalisieren?

Methodenwechsel

Die Herausforderung bei einem digitalen Event ist es, das Programm nicht nur für eine Stunde spannend zu halten, sondern bei längeren Veranstaltungen auch über einen ganzen Tag. Dabei sitzt der Großteil Ihres Publikums alleine vor einem Bildschirm. Wie bei klassischen Fernsehproduktionen leben digitale Events von der Abwechslung und dem Überraschungsmoment. Dazu sollte besonders online die Dramaturgie des Events einen konsequenten Methodenwechsel beinhalten.

Je länger das gesamte Event dauert, desto ausgeglichener sollten sich inhaltlich anspruchsvolle mit unterhaltenden Elementen sowie passive mit aktiven Parts abwechseln. Eine gute Mischung aus Inhalt, Interaktion, Infotainment und Überraschungen sorgt dafür, dass das Publikum auch über einen längeren Zeitraum das Event aufmerksam verfolgt.

Teilen Sie dabei große inhaltliche Brocken lieber in mehrere kleine Slots ein und vermitteln die Themen darüber hinaus so abwechslungsreich wie möglich.

Vorträge

Im Netz läuft die Zeit nach anderen Regeln und es kostet größere Anstrengung, sich für längere Zeit am Bildschirm zu konzentrieren. Bei der Nutzung von digitalen Medien sind wir es zudem gewohnt, mittels eingesetzter Algorithmen individuell auf unsere Interessen zugeschnittene Inhalte präsentiert zu bekommen.

Daher sollten auch die Beiträge für eine Onlineveranstaltung auf das digitale Medium und die Sehgewohnheiten der Zuschauer im Internet angepasst werden. Wichtig sind dabei kurze, knappe Einheiten, die dem Zuschauer einen deutlichen Nutzen und Mehrwert bieten. Dauern Vorträge in der analogen Welt zwischen 30 und 60 Minuten, sind im Livestream eher 15 bis 20 Minuten eine angemessene Dauer, um die Aufmerksamkeit am Bildschirm zu halten.
Die Beiträge sollten zudem visuell abwechslungsreich untermalt sein. Am besten sorgen Präsentationen, Bilder oder Ähnliches im Splitscreen mit dem Vortragenden für Aufmerksamkeit bei den Zuschauern.
Sehr unpersönlich und distanziert kommen reine Präsentationen mit der Stimme aus dem Off beim Publikum an. Im schlimmsten Fall als vorproduzierter Zuspieler ohne Bezug zum aktuellen Veranstaltungsgeschehen.

Interviewsituation

Ein Live-Talk mit einem entsprechenden Experten und Moderator als Sparringspartner ist eine tolle Möglichkeit, stark inhaltliche Parts abwechslungsreich zu gestalten. Dabei ist es bei einem hybriden Event denkbar, den Experten entweder als Gast vor Ort im Studio zu haben oder ihn über einen Bildschirm ins Studio zu holen, über den der Moderator ihn oder sie interviewt. Wird ein digitales Event rein online konzipiert, können Moderator und Talkgast jeweils im Splitscreen auf den Bildschirmen zu sehen sein.

Filmeinspieler

Vorproduzierte Filmeinspieler bringen Inhalte auf den Punkt und können als gezielt eingesetztes Medium die Zuschauer in kurzer Zeit auf ein Thema einstimmen. Bei firmeninternen Events können Filmeinspieler gerne auch mit dem Smartphone von den Mitarbeitern aufgenommen werden. Solche eigenen Videos, natürlich im Nachgang professionell zusammengeschnitten, erhöhen die Identifikation im Team und sorgen für Aufmerksamkeit. Das ist z. B. toll für virtuelle Mitarbeiterversammlungen, bei denen neue Mitarbeitende begrüßt werden.

Inhaltliche Zusammenfassungen/Infotainment

Auch in der digitalen Welt sind überraschende Zusammenfassungen der präsentierten Inhalte eine willkommene Abwechslung.

Kreative Möglichkeiten hierfür sind beispielsweise:

- **Graphic Recording**
  Hier werden Vortragsinhalte von einem Künstler in Echtzeit in übersichtliche und prägnante Zeichnungen zusammengefasst und in sinnhaften Bildmetaphern inhaltlich auf den Punkt gebracht.
- **Poetic Recording**
  fasst Inhalte, analog zum Graphic Recording, in überraschende, berührende Gedichte im Poetry-Slam-Stil zusammen.

- Oder Ihre Teilnehmer überprüfen selbst, ob sie alle gewünschten Inhalte für sich mitgenommen haben, indem sie via Smartphones an einem **Quiz** teilnehmen.

- **Künstlerische Unterhaltungselemente**
  Als entspannende Elemente Ihrer Veranstaltung können natürlich auch online rein künstlerische Programme, wie musikalische Einlagen, Artistik oder Showelemente, die Dramaturgie abwechslungsreich gestalten. Sie können als kleine Verschnaufpause zwischen stark inhaltlichen Parts eingesetzt werden.

30 *Digitale Events können auch länger dauern. Sie müssen in ihrer Dramaturgie nur den digitalen Sehgewohnheiten angepasst werden und durch kurze, abwechslungsreiche Beiträge Aufmerksamkeit generieren. Stark inhaltliche Parts sollten sich mit unterhaltenden Elementen abwechseln.*

2.2 Die Zuschauerreise

Als guter Gastgeber eines digitalen Events begleiten Sie Ihre Teilnehmer vor, während und idealerweise auch noch nach Ihrem Event. Damit ist neben dem inhaltlichen vor allem auch das technische Onboarding wichtig. Erfahrungsgemäß sind die technische Ausstattung und die Kenntnisse im Umgang mit digitalen Medien bei

Ihren Teilnehmern sehr unterschiedlich. Indem Sie Ihre Teilnehmer gut abholen und souverän durch die Zuschauerreise führen, präsentieren Sie sich nicht nur als guter Gastgeber. Sie holen damit auch das Maximum aus Ihrem digitalen Event und seinen Möglichkeiten heraus. Gleichzeitig werden damit die weniger technik-affinen Gäste – die sogenannten Digital Immigrants – abgeholt und in die Veranstaltung eingebunden.

Vor dem digitalen Event

Der digitale Charakter Ihres Events bietet Ihnen viele Möglichkeiten, schon frühzeitig die Teilnehmer auf das Event einzustimmen und auch inhaltlich zu involvieren.

Video

Bereits bei der Einladung per E-Mail können Sie mit einem vorproduzierten Video die Teilnehmer direkt ansprechen und auf die Veranstaltung einstimmen. Sie können auch eine E-Mail-Serie konzipieren, bei der die Spannung von Mal zu Mal mit Hinweisen zum anstehenden Event und den erwarteten Gästen gesteigert wird.

Online-Abfragen

Fragen Sie bei Ihren Teilnehmern oder der entsprechenden Zielgruppe mit einer Online-Abfrage bereits im Vorfeld ab, welche Themen ihnen auf den Nägeln brennen. Ihre Zuschauer erwarten einen deutlichen Nutzen und Mehrwert in den knappen Einheiten, die

Sie ihnen präsentieren. Da bleibt keine Zeit für Langeweile oder Langatmigkeit.

Anmeldung

Der Anmeldeprozess sollte für die Teilnehmer so einfach wie möglich sein. Die Form der Anmeldung richtet sich jedoch vor allem danach, welches Ziel Sie mit Ihrem digitalen Event verfolgen.
Sind zu Ihrer Veranstaltung nur bestehende Kontakte eingeladen, können Sie unkompliziert einen Einwahl-Link verschicken. Diesen können Sie dann auf einer eigenen Landingpage für Ihr Event einbinden und, je nach Bedarf, durch ein Kennwort schützen.
Wollen Sie mit Ihrem digitalen Event hingegen Kontaktdaten sammeln oder vorab kostenpflichtige Tickets verkaufen, ist ein sauberer Anmeldeprozess nötig.
Hier gilt insbesondere, dass die Speicherung der Kontaktdaten streng nach den Vorgaben der Datenschutzgrundverordnung erfolgt. Denken Sie daran, alle für das digitale Event gegebenenfalls genutzten externen Dienstleister auf diese Voraussetzungen hin zu prüfen.

Teilnehmermanagement

Ein systematisches Teilnehmermanagement macht Sinn, wenn Sie planen, vor dem Event oder auch im Anschluss mit den Teilnehmern in Kontakt zu treten. Das kann der Fall sein, wenn zu dem Event vorgeschaltete E-Mails geplant sind oder im Anschluss Material

oder weitere Informationen oder Ankündigungen verschickt werden sollen.
Der Schwerpunkt eines digitalen Events kann beispielsweise auch auf thematischen Diskussionen liegen, wie wir sie in der analogen Welt als Flipped-Classroom-Ansatz kennen. Hier werden zur Vorbereitung bereits vorab Videos, Redebeiträge etc. an die Teilnehmer geschickt, sodass alle nach Möglichkeit mit dem gleichen Wissensstand an dem digitalen Event teilnehmen.

Während des digitalen Events

Sie stellen während eines digitalen Events Ihren Teilnehmern keine Location zur Verfügung, in der sie sich wohlfühlen können, sondern haben für diesen Aspekt nur das Umfeld des Streams. Nutzen Sie es, denn auch hier haben Sie einige Möglichkeiten, um es den Teilnehmern dort so angenehm wie möglich zu machen.

Der Countdown läuft

In der Praxis haben sich Vorsequenzen zum Event, beispielsweise mit einem Countdown bis zum Start der Veranstaltung, bewährt.
Mit etwas Kreativität können Sie die Wartezeit bis zum offiziellen Start auch noch attraktiver gestalten. Vielleicht haben Sie einen Musiker für die Veranstaltung eingeplant, der schon vorab mit Hintergrundmusik unterhält.

Oder Sie integrieren eine Fotogalerie zum Thema der Veranstaltung in den Countdown, die die Wartezeit vor dem Bildschirm verkürzt.
Hilfreich ist es auch, wenn die Teilnehmer an dieser Stelle bereits die Möglichkeit bekommen, sich über evtl. weitere Anmeldeprozesse, wie zu Quiz-Tools, Media-Walls oder Ähnlichem zu informieren, und sich damit bereits vorab vertraut machen können.

Eventseite mit Chat
Bei fast allen Streaminganbietern gibt es die Möglichkeit für die Zuschauer, sich parallel zum Stream in einen Teilnehmer-Chat einzuloggen. Bieten Sie diese Möglichkeit unbedingt mit an und regen Sie immer wieder dazu an, diesen Kommunikationskanal auch zu nutzen. Es hilft Ihnen zum einen, als Veranstalter ein Stimmungsbild Ihres virtuellen Publikums zu erhalten. Zum anderen fördert er die Interaktion der Zuschauer mit den gezeigten Inhalten und trägt zu einem Gemeinschaftsgefühl bei.
Wenn Sie die Möglichkeit haben, stellen Sie jemanden für die Redaktion des Chats ab. Diese Person kann von dort aus schnell und direkt auf technische Probleme der Teilnehmer reagieren und über Änderungen im Programmablauf informieren. Darüber hinaus kann sie schnell Fragen an den Moderator weiterleiten.

Moderation/Lotse durch die Veranstaltung
Jede Veranstaltung braucht einen Gastgeber. Die Aufgabe des Moderators besteht darin, Ihre Teilnehmer in-

haltlich und auch technisch durch die Veranstaltung zu führen. Er ist ein wichtiger Anker für Ihr digitales Event, sodass wir uns den speziellen Aufgaben der digitalen Moderation im folgenden Kapitel noch einmal genauer widmen.

Nach dem digitalen Event

Je nachdem, wie Ihr Anmeldeprozess im Vorfeld aufgesetzt wurde, können Sie Ihre Teilnehmer auch nach dem Event noch intensiv begleiten und damit an sich und Ihre Inhalte binden.

Aufzeichnung

Es ist technisch einfach, den gesendeten Stream mitzuschneiden und damit für die spätere Verwertung aufzuzeichnen. So bekommen Sie zusätzlich eine Fülle an wertvollem Content, den Sie für nachgeschobene Aktionen nutzen können. Idealerweise schneiden Sie den Stream nicht nur online, sondern auch bereits lokal mit, da es beim Livestreaming immer zu kleinen Aussetzern kommen kann.

Contentverwertung

Es gibt eine Vielzahl an Möglichkeiten, wie Sie den durch das digitale Event generierten Content weiter verwerten können.
Die komplette Aufzeichnung kann Interessierten, die nicht teilnehmen konnten, zur Verfügung gestellt werden. Komplette Inhalte oder ausgewählte Teile des

Events können später für interne Zwecke, wie beispielsweise Schulung und Einarbeitung von neuen Mitarbeitern, verwendet werden. Die Beiträge der Veranstaltung können in einzelne Videos geteilt und für Marketingzwecke und Social Media eingesetzt werden. Ergänzend bietet der Input, den Sie vonseiten der Zuschauer erhalten, einen wichtigen Hinweis auf die aktuellen Themen Ihrer Zielgruppe. Chatverläufe, Stimmungsabfragen, Breakout Sessions und Word-Cloud-Inhalte bieten für zukünftige Events reichlich Futter und sind damit am Puls der Zeit.

Follow-up

Je nachdem, welches Ziel Sie mit Ihrer Veranstaltung erreichen wollen, können Sie als Follow-up das aufbereitete Videomaterial oder den aufgezeichneten Stream zur Verfügung stellen, darüber hinaus ergänzendes Material wie Checklisten, weiterführende Literatur oder Vorzugsangebote der auftretenden Speaker zu den behandelten Inhalten anbieten, über weitere (Folge-)Veranstaltungen informieren, Ergebnisse aus Diskussionsrunden/Word Clouds/Stimmungsabfragen zusammenfassen.

30 ***Online gelten andere Regeln als offline. Sorgen Sie mit einer guten Dramaturgie und einer intensiven Begleitung Ihrer Teilnehmer für Aufmerksamkeit, Fokus und eine enge Verbindung zu Ihrem Event:***

- ***Inhalte des digitalen Events sollten an die veränderten Sehgewohnheiten der Zuschauer im Internet im Hinblick auf Länge, Relevanz und Unterhaltungsfaktor angepasst werden.***
- ***Bewusst eingesetzter Methodenwechsel sorgt für Abwechslung und Überraschungsmomente.***
- ***Um Nähe zu Ihrem digitalen Event aufzubauen, lohnt es sich, die Teilnehmer bereits vor der Veranstaltung zu Ihrer Zuschauerreise abzuholen und engmaschig bis nach dem Event zu begleiten. Das schafft zum einen eine Verbindung und holt zum anderen Digital Immigrants mit ins Boot.***

30 MINUTEN

3. Moderation und Interaktion

Damit Ihre Teilnehmer am Ball bleiben, ist dieses Kapitel zwei Themen gewidmet, die im Hinblick auf eine reibungslose und möglichst intensive Zuschauerreise während des Events ihren Beitrag leisten: Moderation und Interaktion.

Je mehr sich die Teilnehmer wahrgenommen fühlen und je größer ihr spürbarer Einfluss auf die Veranstaltung ist, desto höher wird ihre aktive Beteiligung daran sein. Mit einem steigenden Involvement wird in der Psychologie eine wachsende Intensität des kognitiven und emotionalen Engagements der Teilnehmenden verbunden.

Ihre Teilnehmer verfolgen Ihr Event also wacher und aufmerksamer.

Nutzen Sie daher neben der direkten Ansprache der Teilnehmer durch den Moderator auch die vielfältigen digitalen Möglichkeiten, um persönlich, direkt und interaktiv mit Ihren Teilnehmern in Kontakt zu treten.

3.1 Die digitale Moderation

Ihr Moderator ist das Gesicht und der Gastgeber Ihrer Veranstaltung. Er sorgt für die thematische Klammer zwischen den einzelnen Programmpunkten und führt die Zuschauer durch das Event.
Bei der Moderation eines digitalen Events gibt es einige Unterschiede zu einer klassischen Live-Moderation mit Bühne und Publikum. Egal, ob bei einem reinen Online-Event oder einem hybriden Event mit Pop-Up-Studio – das anzusprechende Publikum ist eine Digitalkamera, in die alle Energie geschickt werden sollte. Applaus oder andere Reaktionen aus dem Publikum, die in der alten Welt für eine gewisse Energie auf der Bühne sorgen, gibt es nicht. Im Gegenteil, der Moderator sollte es schaffen, gerade noch mehr Esprit über diese kleine Linse in die Welt zu schicken – obwohl daneben nur Techniker sitzen, die hauptsächlich interessiert, ob das Mikro sauber überträgt. Die Moderation eines digitalen Events beinhaltet drei thematische Bereiche, die es im besten Fall in einer Person zu bündeln gilt.

Gesamtmoderation
Ein Moderator ist in erster Linie der Lotse durch die gesamte Veranstaltung. Ergänzend zu der klassischen An-und Abmoderation der einzelnen Programmpunkte kommt auf den Moderator eines digitalen Events noch das Erwartungsmanagement der Zuschauer hinzu.

Gemeint ist damit das Handling der bereits beschriebenen technischen Herausforderungen, die das Internet von Zeit zu Zeit auf Veranstalter-, aber auch Teilnehmerseite mit sich bringen kann. Irgendwo wird es immer einmal knirschen. Dann gilt es, Ruhe zu bewahren und charmantes Improvisationstalent an den Tag zu legen. Dazu sollte der Moderator den Teilnehmer-Chat im Blick haben. Hier trägt die schnelle und direkte Reaktion auf eingehende Fehlermeldungen zu einer souveränen Wahrnehmung auch in schwierigen Situationen bei.
Um in einer Live-Situation jederzeit angemessen reagieren zu können, ist es empfehlenswert, den Moderator mit einem In-Ear-Mikrofon auszustatten, um Regieanweisungen erhalten zu können und immer über den aktuellen Status quo der Veranstaltung informiert zu sein.

Fachliche Moderation
Ebenso wie bei einer analogen Veranstaltung mit Live-Publikum führt der Moderator durch das Thema und den Inhalt der Veranstaltung. Bei besonders spezialisierten Fachthemen ist auch eine Co-Moderation mit einem Experten möglich.

Technische Moderation
Zur technischen Moderation gehört in erster Linie das Onboarding der Zuschauer in die Veranstaltung. Der Moderator sollte die Basisfunktionen der eingesetzten

Interaktionstools gut kennen und sich vorab gut damit vertraut machen, sodass er den Teilnehmern Hilfestellung geben kann, falls es Probleme damit gibt.

30 *Bei der digitalen Moderation müssen neue technische Aufgaben wie das Onboarding und das Erwartungsmanagement der Teilnehmer bei Streamingschwierigkeiten integriert werden. Die Einbindung des Chats in die Moderation spielt bei fehlendem Live-Publikum eine essenzielle Rolle, um auf Stimmungen und Fragen der Zuschauer eingehen zu können.*

3.2 Interaktion

Gezielt eingesetzte Interaktion hat eine hohe Relevanz für die Teilnehmer, denn hier haben sie die Möglichkeit, sich aktiv am Geschehen zu beteiligen und so eine höhere emotionale Verbundenheit zu dem Event aufzubauen. Als Veranstalter bietet sich Ihnen hier die Gelegenheit, durch gemeinsame Aktionen eine Art Lagerfeuermomente zu schaffen und damit ein Gefühl von Gemeinschaft und Nähe auch über die Distanz herzustellen. Interaktion als ein Ansatz zum Methodenwechsel in der Ansprache der Teilnehmer sorgt darüber hinaus für eine erhöhte Aufmerksamkeit.
Die digitalen Möglichkeiten auf diesem Gebiet entwickeln sich aktuell sehr schnell weiter und es kommen

fast wöchentlich neue Tools auf den Markt. Achten Sie jedoch im Interesse Ihrer Teilnehmer bei der Wahl Ihrer Kollaborationswerkzeuge vor allem auf folgende Kriterien:

- einfache Bedienung
- flüssige Performance
- keine Anmeldung nötig
- keine App-Installation erforderlich
- plattformübergreifend einsetzbar
- DSGVO-konform
- ggf. kennwortschützbar

Möglichkeiten von digitaler Interaktion

Interaktion fängt nicht erst beim digitalen Event selber an, sondern kann bereits im Vorfeld angeregt werden. Laden Sie Ihre Teilnehmer schon vorab dazu ein, „ihr“ Event mitzugestalten, sich zu vernetzen oder anderweitig mit dem Event zu interagieren. Dabei spielen weniger große Showeffekte eine Rolle, vielmehr sind es spielerische und kommunikative Formate, die die Interaktion mit den Teilnehmern fördern und ein erfolgreiches Event ausmachen. Provozieren Sie dabei Situationen, die überraschen, neugierig machen und Aufmerksamkeit erregen.

Chats

Viele Streaminganbieter bieten eine Chatfunktion bereits im Paket an.

Behalten Sie den Chat während des digitalen Events im Auge und reagieren Sie bspw. über den Moderator auf relevante Fragen der Teilnehmer. Regen Sie die Teilnehmer auch durch gezielte Fragestellungen an, die Chatfunktion zu nutzen, um z. B. Fragen an den Referenten zu stellen.

Online-Handyquiz
Mentimeter, Kahoot! oder Quizlet sind browserbasierte Quiz-Tools. Hier können Sie individuelle Onlinequiz erstellen, die in den Stream eingeblendet werden. Alles, was die Zuschauer für die Teilnahme brauchen, ist im Idealfall ein zusätzliches Smartphone. Die Teilnahme ist aber auch über den Internetbrowser möglich. Die Ergebnisse werden in Echtzeit auf den Bildschirm übertragen. Während Dienste wie Kahoot oder Quizlet live vor allem auf formative Tests und Quiz ausgerichtet sind, liegt bei Mentimeter der Fokus eher auf interaktiven Präsentationen. Alle Anbieter sind intuitiv und sehr bedienerfreundlich aufgebaut.

Stimmungsabfragen
Mentimenter eignet sich darüber hinaus auch sehr gut dazu, Stimmungsabfragen bei den Teilnehmern durchzuführen. Die Ergebnisse sind ansprechend grafisch aufbereitet und werden in Echtzeit angezeigt, sodass es Spaß macht, die Entwicklung der Abfrage zu beobachten.

Word Cloud
Die Word Cloud ist eine Methode zur Informationsvisualisierung. Hier können Ihre Teilnehmer via Handy Be-

griffe zu speziellen Themen in die Word Cloud schicken. Im Stream werden dann in Echtzeit die am häufigsten genannten Begriffe besonders hervorgehoben dargestellt. So können Sie beispielsweise relevante Themen abfragen oder aber auch visualisieren, von welchem Standort aus die meisten Zuschauer zugeschaltet sind.

Social Media Wall

Eine Social Media Wall ist eine Art virtuelle Pinnwand. Hier können die Teilnehmer aufgerufen werden, Fotos zu einem Thema oder auch sich selbst zu posten. Sie könnten als Veranstalter im Vorfeld zu einer Foto-Challenge aufrufen, oder die Teilnehmer posten Selfies von sich, während sie an Ihrem digitalen Event teilnehmen. Mit diesem Tool bekommen die Teilnehmer ein Gesicht und verschwinden nicht in der Anonymität des Internet.

Pausen in virtuellen Meetingräumen

Auch während eines digitalen Events sollten regelmäßig Pausen eingeplant werden. Um dem Bedürfnis der Teilnehmer nach Austausch und Netzwerkmöglichkeiten nachzukommen, kann die Kaffeepause auch in virtuellen Meetingräumen stattfinden.

Hier ist der Markt aktuell sehr stark in Bewegung, einfache und anwenderfreundliche Möglichkeiten zu entwickeln.

Bei Yotribe können sich die Teilnehmer mit einem Foto schnell und einfach einloggen. In einer virtuellen Um-

gebung können sie sich frei bewegen und in einem bestimmten Radius miteinander ins Gespräch kommen. Die Anwendung ist sehr intuitiv aufgebaut.
Bei TriCAT können Sie als Veranstalter eine komplette virtuelle Umgebung in 3-D erstellen. Hier gestalten sich die Teilnehmer dann selbst einen persönlichen Avatar, mit dem sie in Erscheinung treten. Dieser Anbieter hat tolle visuelle Effekte und Interaktionsmöglichkeiten. Die Bedienerfreundlichkeit ist jedoch komplexer und erschließt sich technikfremden Teilnehmern nicht so schnell intuitiv.

Herausforderungen

Obwohl es viele Möglichkeiten gibt, Teilnehmer interaktiv in das digitale Event einzubinden, ist es nicht von der Hand zu weisen, dass die Interaktion nach wie vor nicht persönlich stattfindet. Hier wird deutlich, dass Kommunikation mehr beinhaltet als aktive Teilhabe und den Austausch von Inhalten. Bei allem Bemühen fehlen zumindest zum jetzigen Stand zwischenmenschliche Elemente wie Gestik, Mimik und spontane Gefühlsbekundungen durch Applaus und Lachen.
Darüber hinaus werden die Interaktionsmöglichkeiten durch die limitierte Bildschirmgröße der Teilnehmer erschwert. Als Veranstalter können wir zwar Empfehlungen aussprechen, jedoch wissen wir nicht, ob die Zuschauer sich per PC, Tablet oder sogar Smartphone in die Veranstaltung schalten.

Die ideale Ausstattung für die Teilnahme an einem digital gestalteten Event sind ein PC oder Smart-TV zum Ansehen des Streams und zusätzlich ein Smartphone, um flexibel an den interaktiven Elementen teilzunehmen.

Im Hinblick auf eine ideale Zuschauerreise durch Ihr digitales Event sind die Funktion des Moderators als Gastgeber und das Angebot von Interaktionsmöglichkeiten für die Teilnehmer zwei wesentliche Elemente: 30

- ***Die Moderation eines digitalen Live-Events bringt zusätzliche Aufgaben mit sich, wie das technische Onboarding der Teilnehmer und die spontane Einbindung der Chatinhalte in die Moderation.***
- ***Die aktive Teilhabe Ihrer Zuschauer erhöht das Involvement und damit die Nachhaltigkeit Ihres Events. Interaktionstools gibt es viele. Achten Sie bei der Wahl auf leichte Bedienbarkeit und sorgen Sie für einen spielerischen Einstieg in die Interaktion, um Teilnehmern die Scheu vor dem Austausch zu nehmen.***

30 MINUTEN

4. Optik des digitalen Events

Mit der gewählten Optik Ihres digitalen Events bietet sich Ihnen ein weiterer Gestaltungsspielraum, Nähe zu den Teilnehmern herzustellen und eine visuelle Klammer für Ihr Event zu konzipieren.
Die technischen Möglichkeiten sind mit Greenscreens und virtuellen Studios sehr groß. Allerdings vertreten wir aus der Praxiserfahrung heraus die Meinung, dass ein digitales Event lieber authentisch gestaltet werden sollte, als dass es durch eine Hightech-Optik zu steril und technisch wahrgenommen wird. Perfektion wirkt häufig unnahbar. Doch das digitale Format eines Online-Events bietet auch die Möglichkeit, gezielt privatere Schlüssellochmomente zu kreieren. Gerade dieser Blick hinter die Fassade kann dazu beitragen, ein solches dezentrales Event wiederum sehr zwischenmenschlich zu präsentieren.

4.1 Die Streaming-Location

Mit der bewussten Wahl und Ausstattung Ihrer Streaming-Location zeigen Sie Professionalität und erzeugen einen Wiedererkennungswert bei den Zuschauern.

Die Wahl Ihrer Streaming-Location hängt jedoch stark von der Art Ihres digitalen Events, der Dramaturgie, der einzelnen Programmpunkte und der gewünschten Qualität ab. Wählen Sie Ihre Location bewusst und zu Ihrem Thema und Image aus.

Je technischer Ihr Veranstaltungsthema ist, desto eher eignet sich auch eine rein technische Optik und Umsetzung. Je emotionaler Sie die Teilnehmer erreichen möchten, desto hybrider sollten Sie hingegen in der Gestaltung und Optik vorgehen.

In unserer Veranstaltungspraxis legen wir viel Wert darauf, bereits durch die Optik der von uns veranstalteten digitalen Events Vertrauen zu den Zuschauern aufzubauen. Ein komplett digitales Setting bereitet uns als Zuschauer unbewusst Unbehagen, weil wir etwas wahrnehmen, das nicht real ist. Damit wird ein Gefühl vermittelt, dass hier etwas nicht stimmt.

Ein digitales Event bietet Ihnen als Veranstalter durchaus auch die Gelegenheit, den Zuschauern interessante und vielleicht auch private Einblicke zu gewähren. Was würde Sie mehr interessieren? Wenn der CEO vor einem digitalen Hintergrund seine Rede hält oder aus seinem privaten Wohnzimmer heraus?

Rein digital

In dieser Version wird Ihr Event vom Desktop einer digitalen Schaltzentrale aus technisch gesteuert. Alle Programmbausteine, Redebeiträge und Interaktionstools werden dezentral von den Standorten der jeweils Beteiligten individuell zugeschaltet.

Was auf den ersten Blick einfach erscheint, ist in der praktischen Umsetzung und der Vorbereitung recht komplex. Zum einen sind die technischen Voraussetzungen von jedem Beitragenden, der zugeschaltet wird, sehr unterschiedlich. Zum anderen erfolgt die Kommunikation durch die Distanz aller Beteiligten zueinander und insbesondere zur Streaming-Zentrale unter erschwerten Bedingungen.

In diesem Fall sollten umfangreiche technische und organisatorische Testläufe im Vorfeld der Veranstaltung durchgeführt werden.

Bei der rein digital durchgeführten Veranstaltung sind die optischen Gestaltungsmöglichkeiten recht begrenzt.

Pop-Up-Studio in realer Location

Nach unserer Erfahrung empfehlen wir Ihnen, wann immer es möglich ist aus einer realen Location heraus das Event zu streamen. Der Technikbedarf für dieses Pop-Up-Studio ist immer noch deutlich geringer als für eine Live-Veranstaltung mit Publikum und Bühne. Die Qualität, die Sie damit erzeugen, ist jedoch um ein Vielfaches besser. Als Location für ein authentisches „Look and Feel“ eignet sich beispielsweise das Foyer Ihrer

Firmenzentrale oder ein Tagungsraum im Hotel, der entsprechend gestaltet werden kann.
In der Location für das Pop-Up-Studio muss sichergestellt werden, dass:

- keine störenden Außengeräusche zu hören sind,
- eine stabile Internetverbindung verfügbar ist und
- ausreichend Platz für Studioaufbau und Technik vorhanden ist.

Hybrides Digital-Event

Neben dem besseren Wiedererkennungswert, den erweiterten Gestaltungsmöglichkeiten in der Optik und der größeren Ausstrahlung von Nestwärme bietet eine reale Location noch einen weiteren großen Pluspunkt. Sie können Ihr digitales Event hybrid gestalten. Das bedeutet, dass Sie die Online- mit der Offlinewelt geschickt verknüpfen, indem Sie einzelne Programmpunkte live vor Ort stattfinden lassen und in den Stream integrieren. Das können Vortragsredner sein, die im Wechsel mit zugeschalteten Beiträgen zu einem Thema referieren, Diskussionsrunden mit Personen vor Ort und zugeschalteten Experten, aber auch Teile des Unterhaltungsprogramms, wie musikalische Einlagen, eine Kochshow, Weinprobe, Produktpräsentationen etc., können live das Event aufwerten.
Darüber hinaus besteht natürlich auch die Option – je nach Locationgröße –, reales Publikum vor Ort einzubeziehen und das Onlinepublikum parallel teilhaben zu lassen.

30

Wählen Sie die Ausgestaltung Ihres Streams nach den Zielen und Themen Ihrer Veranstaltung aus. Ein rein digitales Event bedeutet nicht, dass es einfacher in der Durchführung ist. Als Faustregel gilt: Je hybrider das digitale Event aufgebaut wird, desto emotionaler wird es empfunden.

4.2 Technische Gestaltungselemente

Neben der Wahl und Einrichtung der Streaming-Location haben Sie natürlich auch auf der technischen Seite noch weitere Möglichkeiten, die Optik Ihres Events abzurunden.

Greenscreen

Die Greenscreen-Technik ist heute den meisten Menschen ein Begriff, da sie bei vielen Kinofilmen eingesetzt wird. Auch bei digitalen Events besteht die Möglichkeit, Redebeiträge oder Moderationen vor einem Greenscreen zu filmen. Mit der entsprechenden Software wird die grüne Farbe herausgerechnet und durch einen Wunschhintergrund ersetzt.
Damit das Ergebnis möglichst authentisch und hochwertig bei Ihren Zuschauern ankommt, sollten Sie den Greenscreen sehr sorgfältig installieren und folgende Faktoren beachten:

Hardware sticht Software
Zoom bietet in der erweiterten Version bereits virtuelle Hintergründe an, die auch individualisiert werden können. Diese werden jedoch häufig matschig dargestellt und bei Bewegungen werden Teile des Bildes nicht genau ersetzt und es kommt zu unschönen Effekten. Darüber hinaus zieht die Software Rechenleistung ab, die den Rechner unnötig belastet und die Übertragungsrate schwächt.
Wir empfehlen Ihnen daher, eher durch Hardware als durch Sofware zu keyen, also den Hintergrund umzuwandeln.
Der ATEM Mini ist ein empfehlenswerter externer Videomischer, der diesen Effekt sehr gut und sogar auch bei schlechtem Licht stabil produziert.

Hintergrund
Um den Hintergrund sauber herauszurechnen, muss der Greenscreen möglichst optimal installiert werden. Das heißt in erster Linie, er muss faltenfrei sein, damit keine Schatten zu erkennen sind.
Hierfür haben sich Rollups, z. B. von Elgato, bewährt. Sie sind stabil, faltenfrei und kompakt.
Stehen Sie allerdings zu zweit vor der Kamera, kann die farbige Fläche zu klein sein. In diesem Fall eignet sich auch grüner Stoff, der möglichst stramm an der Wand oder über eine Stange installiert wird.

Hintergrund-Design
Damit Ihr Ersatzhintergrund auch möglichst hochwertig und realistisch rüberkommt, sollten Sie es Ihrem Videomischer so einfach wie möglich machen, die Daten einzurechnen.
Bei einfarbigen Hintergründen kommt es an filigranen Rändern, besonders gerne um die Haare oder den Kopfhörer herum, zu Ausfällen oder ungenauer Darstellung. Besser geeignet sind daher dunkle Hintergründe mit Struktur, bei denen solche kleinen Rechenfehler nicht auffallen.

Licht und Kamera
Je besser die Bildinformationen sind, die Sie in den Videomischer einspeisen, desto besser ist das Ergebnis, das herauskommt.
Leuchten Sie dazu den Greenscreen gut aus, um möglichst wenig Unregelmäßigkeiten, wie Glanz oder Falten, vom Hintergrund abzufilmen. Idealerweise setzen Sie ein Spitzlicht ein, dass von oben hinter den Kopf leuchtet.
Gleiches gilt für die Qualität der aufnehmenden Kamera. Auch hier gilt: Lieber bessere Hardware nutzen, als die Software zu überlasten.

Gestaltungselemente aus dem Fernsehen
Zusätzlich zu dem reinen Videobild per Stream haben Sie noch viele weitere Möglichkeiten, das Gezeigte optisch aufzuwerten und zu gestalten:

- **Bauchbinden**
  Mit einer Bauchbinde blenden Sie wie beim Fernsehen am unteren Bildrand den Namen und die Funktion der gezeigten Person ein.
- **Logos**
  Logos können permanent am Bildschirmrand eingeblendet werden.
- **Einspieler**
  Kleine, bereits vorab gefertigte Einspieler, wie Veranstaltungs-Jingles, Imagefilme oder Kurzvorstellungen, leiten von einem Beitrag zum nächsten über.

Landingpage

Eine eigens für Ihre Veranstaltung angelegte Landingpage ist die ideale Basis für Ihr digitales Event. Hier ist der Live-Stream integriert und es sind alle weiteren wichtigen Informationen für die Teilnehmer hinterlegt. Folgende Elemente sind auf einer Landingpage sinnvoll:

- Corporate Design
- Anmeldelink
- Übersicht des Veranstaltungsprogramms
- Infos zu evtl. genutzten Tools und Anmeldehinweise
- Kurze Vorstellung der Vortragsredner

Auch wenn die technischen Möglichkeiten bei der optischen Gestaltung eines digitalen Events groß sind: Bewahren Sie ruhig Blut. Treffen Sie Entscheidungen, die zu Ihrer Dramaturgie und Ihrem Kommunikationsziel passen:

- ***Je emotionaler Ihr Event wahrgenommen werden soll, desto realer sollte auch das Umfeld gewählt werden, aus dem es gestreamt wird.***
- ***Wählen Sie zwischen rein digital, aus dem Pop-Up-Studio oder hybrid aus einer gebuchten Location oder Firmenzentrale heraus.***
- ***Ein Greenscreen bietet vielfältige Gestaltungsmöglichkeiten, wenn er gut ausgeleuchtet und faltenfrei eingesetzt wird. Ziehen Sie zum Keyen gute Hardware einfacher Software vor, um die Rechenleistung für den Stream nicht unnötig zu belasten.***

30 MINUTEN

Welche technische Hard, und Software ist nötig?

Seite 62

Wie sorge ich für einen reibungslosen technischen Ablauf?

Seite 70

Was kommt nach dem Event an Nachbereitung auf mich zu?

Seite 72

5. Technische Gesamtumsetzung

Alle netten Überraschungen und alle abwechslungsreiche Dramaturgie nutzen am Ende wenig, wenn es an der Technik hapert. Während die Teilnehmer nur Laptop, Smartphone und Internet benötigen, ist die Liste der Anforderungen für eine störungsfreie Durchführung aufseiten des Veranstalters etwas länger. Neben Kameras, Mikrofonen, geschultem Technikpersonal und einer guten WLAN-Verbindung, um die Veranstaltung zu übertragen, ist auch eine zuverlässige Plattform gefragt, um das hybride Event zu streamen.
Es gibt viele reine Technikanbieter auf der einen Seite und Top-Eventspezialisten auf der anderen. Für eine optimale Durchführung dieses neuen Eventformates ist jedoch die enge und vor allem frühe Zusammenarbeit zwischen Technikdienstleister und Eventkonzeption wichtig. Hier empfiehlt es sich, mit einer erfahrenen Fullservice-Agentur zusammenzuarbeiten.

5.1 Das Grundkonzept

Um Ihr digitales Event nicht nur inhaltlich und dramaturgisch, sondern auch technisch auf solide Füße zu stellen, müssen im Vorfeld einige Entscheidungen zur grundsätzlichen Struktur getroffen werden. Steht die Entscheidung, ob Sie Ihr Event pure online, im Pop-Up-Studio oder hybrid präsentieren, geht es zuerst um drei grundlegende Säulen Ihres digitalen Events.

Hauptstream

Der Stream, über den Sie Ihre Veranstaltung an die Teilnehmer senden, ist Ihre Hauptschlagader. Hakt es hier, ist Ihre Veranstaltung tot.

Das Internet kann eine Herausforderung sein. Wir legen Ihnen daher ans Herz, idealerweise mit einem Backup Stream zu arbeiten. Wenn Sie ganz sicher sein wollen, auch mit einem zweiten.

Eine wichtige Herausforderung dabei ist es, den passenden Streaming-Anbieter für Ihre Veranstaltung zu finden. Eine der wichtigsten Fragen ist dabei, an welche Zielgruppe sich der Stream richten soll: B2C oder B2B. Einige Unternehmen entscheiden sich zunächst für kostenlose B2C-Streaming-Dienste. Die meisten bekannten B2C-Streaming-Lösungen, wie YouTube Live, erhalten jedoch automatisch die Rechte an Ihren Videoinhalten und können diese selbst monetarisieren. Dieser Ansatz kann für manche Veranstalter von Vorteil sein. Viele Unternehmen, die sich im B2B-Bereich bewegen, wollen

dies aber vermeiden, ebenso wie die Werbung und Kommentare anderer möglicher Anbieter.
Wenn Sie diese Fragen für Ihre Veranstaltung beantwortet haben, können wir aus unserer Erfahrung folgende Anbieter empfehlen:

- **Vimeo**

  Vorteile:
  - HD (1080p live) + 4k Streaming
  - Streaming von 3 Events parallel
  - Einbettung auf eigener Website
  - Live Q&A, Grafiken und Umfragen
  - Publikums-Chat
  - Videos können im Nachgang ohne Veränderung des Aufruflinks ausgetauscht werden.

  Nachteile:
  - Nicht von allen Streaming-Lösungen direkt unterstützt

  Kosten:
  - Ab ca. 70 Euro/Monat

- **YouTube Live**

  Vorteile:
  - Gigantische Nutzerbasis
  - Einbettung auf der eigenen Website

- Verschiedene Monetarisierungsmöglichkeiten
- Promotion durch Google
- 360°-Videos

Nachteile:
- Erforderliche Kontoverifizierung und Videocodierungssoftware
- Nutzung der Google-Dienste bei manchen Unternehmen untersagt/geblockt

Kosten:
- Kostenlos

- **Restream**

Vorteile:
- Ermöglicht gleichzeitig auf Facebook, YouTube, Periscope, Twitch und über 30 anderen Plattformen live zu streamen.
- Der Teilnehmer-Chat ist auf allen gewählten Kanälen sichtbar.

Nachteile:
- Es gibt hochleistungsfähigere Streaming-Anbieter, die performanter laufen.

Kosten:
- Je nach Umfang von kostenlos bis 300$/Monat

- **Eigener Streaming-Server**

  Vorteile:
  - Sie haben die eigene Kontrolle über das System.

  Nachteile:
  - Aufwendiges Administrieren
  - Die erforderliche Internetbandbreite kann erheblich sein.
  - Kostenintensivste Alternative

  Kosten:
  - Ca. 10.000 Euro einmalig
  - Ca. 500–1.000 Euro monatlich

Chat

Wir haben Ihnen den Chat bereits ans Herz gelegt. Er ist für Ihr digitales Event ein wichtiges Kommunikations- und Interaktionswerkzeug. Sie können ihn nutzen, um Fragen und Kommentare der Zuschauer in die Veranstaltung einzubinden.
Entscheiden Sie im Vorfeld, wann und wie die Teilnehmer einem Chat beiwohnen können. Während des Events hat sich die reine Textteilnahme bewährt.
Die ggf. verfügbare Option, auch mit Video zu chatten, sollten Sie hingegen eher in den Pausen zum persönlicheren Netzwerken freischalten. Ansonsten kann diese Funktion während des inhaltlichen Teils Ihres Events

eine Eigendynamik entwickeln, die die Aufmerksamkeit Ihrer Teilnehmer vom Thema wegleitet.

Zuspieler

Treten mehrere Referenten auf Ihrem digitalen Event auf, entspannt es die Organisation ungemein, wenn Sie dafür mindestens zwei Kanäle bereithalten. Einen Kanal, um ihn live auf Sendung zu schalten, und parallel den zweiten Kanal, um ihn als Backstage-Raum für nachfolgende Referenten zu nutzen. Mit dieser Warteschleife haben Sie Gelegenheit für einen letzten Technik-Check und können sicher sein, dass alle Beitragenden auch rechtzeitig und startklar am Rechner sitzen.

30 *Die grundsätzliche technische Struktur Ihres Events basiert auf drei Säulen: Streaming-Plattform, Chatfunktion und separate Zuspieler. Dabei hängt die Wahl der Streaming-Plattform von Ihrem Zielpublikum und der Vertraulichkeit der Inhalte ab, weil einige Anbieter automatisch die Rechte an den Videoinhalten beanspruchen.*

5.2 Technische Entscheidungen im Vorfeld

Da der technische Anteil bei digitalen Events maßgeblich für das Gelingen einer digitalen Veranstaltung ist, gehen die Projektleitung und die Technikleitung bereits am Anfang der Planung eine enge Job-Ehe ein. Am besten, sie werden zu siamesischen Zwillingen, damit die optimale Dramaturgie eines digitalen Events reibungslos mit der technischen Umsetzung verknüpft ist. Das ideale Projektteam für ein digitales Event besteht aus folgenden Positionen:

- Produktionsleitung
- Technik- und Streaming-Dienstleister
- IT-Schnittstellenexperte
- Tontechniker
- Ablaufregie
- professionelle Moderation

Je nach Größe und Qualität Ihres Events können noch ergänzend hinzukommen:

- Regisseur
- Streaming-Kameramann
- Künstler für den Unterhaltungspart

Die Wahl der Plattformen

Bei der Wahl Ihrer Plattform sollten Sie je nach den geplanten Inhalten und zusätzlich eingebundenen Tools Ihres digitalen Events folgende Kriterien berücksichtigen:

- Stabilität
- Optik
- Schnittstellen
- Chat

Streaming-Software

Bevor Ihr Videomaterial an den von Ihnen ausgewählten Streaming-Dienstleister eingespielt wird, müssen die gefilmten Videobilder als Erstes einer Streaming-Live-Produktions-Software zugeführt werden. Dort findet, wie bei der Aufnahmeleitung im Fernsehen, die Mischung des gesamten Live-Programms statt, wie z. B. der einzelnen Zuspieler, Integration von Interaktionstools, Schnittwechsel von unterschiedlichen Kameraperspektiven oder Splitscreens etc.

Praxiserprobte und empfehlenswerte Softwareanbieter sind hierfür:

- mimoLive
- Open Broadcaster Software (OBS)
- Studio6
- vMix
- Wirecast

Hard- und Software

Rechner

Tendenziell ist ein PC aus zwei sehr praktischen Gründen einem Mac vorzuziehen. Zum einen ist die Hardware sehr viel günstiger zu haben und zum anderen sind die einzelnen Elemente am PC flexibler einsetzbar.

Kameras

Wir plädieren stark dafür, bei der Ausstattung den Fokus auf die Hardware zu setzen und erst im zweiten

Schritt auf die Software. So auch bei der Wahl der Kameras. Sie können gut mit einer oder zwei statischen Kameras arbeiten. Hierfür gibt es sehr gute Fotokameras mit Videofunktion oder kompakte Camcorder. Wichtig ist, dass Sie die Bilder nach Möglichkeit immer in HD-Qualität oder besser aufnehmen. Achten Sie auch darauf, dass Sie ein Clean-HDMI-Ausgangssignal haben. Das heißt, dass keine Steuerungselemente bei der Bildausgabe per HDMI mitübertragen werden.

- **Fernsteuerbare PTZ-Kameras**
  Eine sogenannte PTZ-Kamera ist eine bewegliche Netzwerkkamera mit Zoomobjektiv, die sich schwenken und neigen lässt. PTZ bedeutet Pan, Tilt, Zoom. Sie kann über einen Joystick oder per Sofware gesteuert werden. Das macht sie sehr flexibel und dementsprechend auch dezentral steuerbar.
  Ihr Nachteil liegt im Anschaffungspreis. PTZ-Kameras sind im Vergleich zu normalen Camcordern sehr teuer. Wir empfehlen Ihnen, anstatt 2.000 bis 3.000 Euro für eine PTZ-Kamera auszugeben, lieber in vier statische Camcorder zu investieren. Hier liegt der Preis bei 200 Euro. Damit ist das Preis-Leistungs-Verhältnis für die Qualität und Vielfältigkeit in der Kameraperspektive weitaus größer.

- **Kameramann**
  Wenn Sie eine sehr aufwendige Produktion planen, lohnt sich die Investition in einen professionellen

Kameramann. Mit einem Profi hinter der Linse bekommen Sie immer noch die besten Bilder.

Ton

Guter Ton ist Gold wert! Für die Qualität eines Beitrages hat der Ton absolute Priorität. Das Mikro am Rechner ist dazu nicht ausreichend. Wirklich nicht! Es gibt aber schon günstige Ansteckmikros oder Headsets zu kaufen, die einen enormen Qualitätsunterschied machen. Diese Investition zahlt maßgeblich auf das Streamingerlebnis der Zuschauer ein und steigert gleichzeitig die Aufmerksamkeit auf den Inhalt.
Für einen sauberen Ton birgt das Streamen im Internet eine kleine Schwierigkeit. Da der Ton weniger Daten umfasst als das dazugehörige Bild, wird er schneller übertragen. Dieser sogenannte Audio-Delay muss bei der Tonmischung miteingerechnet werden. Sonst kommen das übertragene Bild und der Ton nicht lippensynchron beim Zuschauer an.

- **Audio-Mischpult**
  Veranstalten Sie Ihr digitales Event rein online, sollten Sie auf jeden Fall mit einem Audio-Mischpult arbeiten. Damit können Sie aus der Schaltzentrale heraus das Audio-Delay der einzelnen Zuspieler selbst kontrollieren.

- **Monitor und In-Ear-Mikro**
  Bei einem hybriden Event in einem Studio oder mit Bühnensituation sollte vor Ort ein Monitor vorhanden sein. Das Monitoring dient dem Moderator oder den Vortragenden zur Kontrolle seines eigenen Tons und bietet eine Orientierung im akustischen Umfeld. Dazu eignen sich In-Ear-Lautsprecher. Diese sind darüber hinaus nützlich, um dem Moderator während eines Auftrittes Regieanweisungen zukommen zu lassen.
  Doch Achtung: Dieses Audiosignal darf nicht über das eigene Ton-Mikro zu hören sein, da es ansonsten mit an die Zuschauer übertragen wird.

Wahl der Zuspieler

Wenn immer es möglich ist, sollten Sie Ihre Zuspieler über Zoom bei den Beteiligten anfordern. Das Handling ist einfach und die Zuspieler lassen sich von Zoom aus in die Streaming-Software insbesondere bei

- mimoLive und
- vMix Call

gut integrieren. Separate Zuspieler können auch über NDI eingespielt werden. Das Network Device Interface des Herstellers NewTek ist eine Software für die drahtlose Übertragung von Bild und Ton zwischen Rechnern.

Onboarding

Am Vortag Ihres Events sollten alle Teilnehmer, die nicht vor Ort sind, sondern zugeschaltet werden, einen genauen Onboarding-Prozess durchlaufen.

Bei diesem Technik-Check ist die wichtigste Regel:

Testen, testen, testen!

Denn die Kenntnisstände und vor allem das technische Equipment der Beteiligten sind sehr unterschiedlich. Testen Sie dabei alle einzelnen Komponenten des Zuspielers wie Ein- und Ausgang von Bild und Ton. Klären Sie final alle Fragen zum Ablauf:

- Über welches System kommt der Gast in den Stream?
- Sollen Filmeinspieler gezeigt werden?
- Werden Inhalte als Präsentation oder Fotos eingeblendet?
- Gibt es einen Wechsel von Fullscreen zu Splitscreen?
- Führt der Moderator vorab oder im Anschluss noch ein Interview mit dem Experten und die beiden müssen zusammengeschaltet werden?
- Wird nur anmoderiert und dann direkt zum Gast geschaltet?
- Wurde der Gast dazu aufgefordert, sich am Veranstaltungstag 15 Minuten früher in den Backstage-Kanal einzuloggen?
- Liegen dem Gast alle Log-in-Daten vor?

- Liegen dem Veranstalter die Kontaktdaten des Gastes für die Bereitstellung kurzfristiger Infos oder Ablaufänderungen vor?

Wichtiger Praxistipp:

Nach einem erfolgreich durchgeführten Onboarding sollten die Gäste auf keinen Fall mehr Software-Updates an ihrem Rechner durchführen und auch keine neue Hardware – wie ein vermeintlich besseres Mikrofon oder Bluetooth- anstatt Kabelkopfhörer – verwenden. Die technischen Verknüpfungen für ein digitales Event können durchaus komplex sein und solche vermeintlich kleinen Veränderungen viel durcheinanderbringen.

- Für zugeschaltete Vortragsredner oder Experten empfehlen wir als **Webcam** das Model **Logitech C920HD** mit einem super Preis-Leistungs-Verhältnis. Wenn Sie häufiger digitale Veranstaltungen planen, lohnt es sich, eine kleine Auswahl an Leihtechnik in der Hinterhand zu haben, um sie bei Bedarf rauszuschicken.
- Als Veranstalter eines digitalen Events ist ein einohriges **Headset** wie z. B. das **Sennheiser USB-7** eine gute Wahl. So kann man in der Schaltzentrale mit einem **zweiten Headset** dem „Kundenstream" folgen. Das ist sinnvoll, da man bei Problemen so schnell feststellen kann, ob es am Output liegt oder vielleicht einfach am Internet des Kunden oder der Zuschauer. Darüber hinaus können so auch bei-

spielsweise Verzögerungen bei der Interaktion miteinkalkuliert und ggf. moderativ überbrückt werden.

30 *Achten Sie bei der Wahl Ihrer Streamingplattformen und -software auf Stabilität und Schnittstellenkompatibilität. Auch wenn ein digitales Event über ein stark visuelles Medium konsumiert wird, sollte die Priorität unbedingt auf einer hochwertigen Tonübertragung liegen.*

5.3 Tipps und Tricks während des Events

Egal, ob Sie ein klassisches Live-Event mit Präsenzpublikum oder ein digitales Event veranstalten: Wenn es losgeht, heißt es hier wie dort: Egal, was passiert – the show must go on.
Damit der technisch und dramaturgisch so sorgfältig vorbereitete Ablauf dann auch so reibungslos wie möglich vonstattengeht, haben wir Ihnen hier ein paar Ticks und Tipps aus unserem digitalen Eventalltag zusammengestellt, der das Leben als Veranstalter etwas einfacher macht, wenn es doch einmal im Livestreaming haken sollte.

Kommunikation während des Events

Liegt der Vorteil von digitalen Events in der dezentralen Organisation und Durchführung, kann genau dieser

Pluspunkt für die Veranstalter und Beteiligten in der internen Kommunikation eine Herausforderung bedeuten.

Sprechen Sie daher mit allen Beteiligten im Vorfeld einen Kommunikationskanal ab, über den während des Events interagiert werden soll. So schaffen Sie insbesondere bei Veranstaltungen, die rein online stattfinden, kurze und effektive Kommunikationswege.

Nichts ist unübersichtlicher und stressiger, als wenn das Telefon klingelt und neben WhatsApp-Nachrichten parallel noch E-Mails und Facebook-Messages reinkommen.

Diese festgelegten Backchannel sollten unbedingt nach Kundenkommunikation und interner Kommunikation mit dem Projektteam getrennt werden.

Sollte einmal etwas schieflaufen – und das wird es –, hilft nur eines: Ruhe bewahren!

Backups

Wir haben es schon erwähnt: Insbesondere das Internet, aber auch die Verknüpfung von Technik, Tools und Menschen kann eine Herausforderung sein. Es lohnt sich daher immer, einen kleinen Joker in der Hinterhand zu haben.

Ebenso, wie Sie für Ihre wichtigste Säule, den Streamingdienstleister, ein Backup parat haben sollten, gilt das Gleiche jeweils für die Zuspielwege von Bild und Ton.

Wenn Sie die Gelegenheit haben, einen Beitrag im Vorfeld aufzuzeichnen, tun Sie es. Diese Aufnahmen sind

ein super Backup, wenn es einmal irgendwo im Getriebe knirscht.
Kurze Videoeinspieler zur Veranstaltung oder Künstler vor Ort sind auch gute Möglichkeiten, im ursprünglich anders geplanten Programm unauffällig zu überbrücken.

30 *Legen Sie vor dem digitalen Event für interne Dienstleister und den Kunden einen Kanal fest, über den Sie während des Events kommunizieren wollen. Sichern Sie sich mit Backups für Ihre Streamingplattform, -software, Beiträge und Zuspielwege so gut wie möglich ab. Manchmal liegt es nicht in Ihrer Hand, wenn es im Internet ruckelt.*

5.4 Technische Nachbereitung

Nach dem digitalen Event haben Sie viele Möglichkeiten, die Aufnahme des produzierten Streams für Ihre Zwecke weiterzuverwenden. Wie bereits im Kapitel Zuschauereise beschrieben, können Sie dazu aus dem Gesamtmaterial einzelne Videos produzieren und im Nachgang als Follow-up weiter streuen.
Beim Erstellen der Videos im Nachgang haben Sie noch einmal die Gelegenheit für eine Nachbearbeitung. Hier können Sie eventuelle Störungen in der Bild- oder Tonübertragung aus den Zuspielern rausschneiden.
In diesem Fall bietet Vimeo als Streaming-Dienstleister einen Vorteil. Hier können Sie einzelne Videos aus der

Streamingaufnahme ersetzen. Bei YouTube ist das beispielsweise nicht möglich.
Die weitere Verbreitung Ihres Materials erfolgt dann über einen E-Mail-Marketingdienst Ihrer Wahl wie

- Klicktipp,
- MailChimp,
- Active Campaign
- oder viele andere.

Ihr digitales Event basiert auf drei grundlegenden Säulen: Stream, Zuspieler und Teilnehmer-Chat.

- ***Wichtigstes Kriterium bei der Wahl des Streaming-Anbieters ist die Stabilität und die Schnittstellenkompatibilität zu allen weiteren Elementen.***
- ***Bei aller Planung und Vorsorge – das Internet kann knirschen. Sorgen Sie daher für Backup-Möglichkeiten an allen kritischen Punkten.***
- ***Technische Faustregel: Ton hat Priorität vor Bild. Hardware hat Priorität vor Software.***

30 MINUTEN

6. Die Zukunft von Events

Bevor wir einen Blick in die Glaskugel werfen, um einen Eindruck für die Zukunft von Events zu erhalten, lassen Sie uns die Frage stellen: Warum gibt es Events? Aus Veranstaltersicht könnte die Antwort sein, um Geld zu verdienen, Informationen zu vermitteln oder auch um Mitarbeitern Wertschätzung entgegenzubringen. Aus Teilnehmersicht geht es hingegen nicht in erster Linie um den Konsum von Musik, Shows oder Informationen, denn alle diese Dinge sind auch ohne direkte Teilnahme möglich. Aus unserer Wahrnehmung heraus geht es im Kern darum, an Erlebnissen teilzunehmen und mit Menschen in Austausch zu gehen. Wir leben in bewegten Zeiten, in denen das Bedürfnis nach, wie wir es nennen, Lagerfeuermomenten uns als sozialen Wesen nach wie vor universell ist. Diese beiden Ansprüche gleichermaßen mit bewusst eingesetzter Technik zusammenzubringen, wird die Zukunft von Events bestimmen.

6.1 Event-Trends

Wir sind überzeugt, dass die Digitalisierung von Events auch in Zukunft, ohne die Notwendigkeit von Social Distancing, nicht mehr zurückzudrehen ist. Gerade die Anforderungen unserer globalisierten und digitalisierten Welt nach standortübergreifender Informationsvermittlung, permanenter Content-Produktion, Social-Media-Präsenz und engmaschiger Begleitung von (potenziellen) Kunden zeigen einen Bedarf an mehr digitalen Events. Die Digitalisierung bietet uns bereits jetzt mit interaktiven Tools und der stetigen Erweiterung der Offlinewelt um virtuelle Erlebnisse vielfältige Möglichkeiten.
Digitalisierung ist dabei kein Selbstzweck! Erst mit der richtigen Ausgewogenheit kann langfristig wirklich Neues entstehen. Dabei besteht die Herausforderung in der geschickten Kombination der digitalen Durchführung mit der Befriedigung des Bedürfnisses nach Gemeinschaft, Emotionen, Erlebnis und Teilhabe am Geschehen.
Der entscheidende Aspekt bei der Digitalisierung von Events ist die Möglichkeit für den Teilnehmer, selbst ein Teil der Veranstaltung zu werden und emotional berührt zu sein. Daher ist ein wichtiger Punkt, dem Teilnehmer die Gelegenheit zu geben, sich mitzuteilen und vor allem auch wahrgenommen zu werden.

Wir gehen davon aus, dass Live-Events auch in Zukunft stattfinden. Reine Live-Events werden jedoch seltener,

dafür hochwertiger und erhalten damit einen anderen Stellenwert als bisher. Sie werden zu analogen Highlight-Events in unserem ansonsten durch Social Media und digitale Kommunikation geprägten Alltag.
Mit Sicherheit werden zukünftig alle Events mindestens zusätzlich gestreamt und damit zu hybriden Formen in einer real-digitalen Welt werden.

Grünere Events

Insgesamt ist die Veranstaltungsbranche bisher leider nicht die ressourcensparendste. Mit Blick auf Nachhaltigkeit, Umwelt- und Klimafreundlichkeit liegt daher ein großes Potenzial in digitalen Events.
Das Abwägen der ökologischen Faktoren wird uns in Zukunft stark bei der Entscheidung beeinflussen, ob ein Event live stattfindet und die damit verbundenen Co_2-Emissionen allein für Reisen und Unterbringung der Teilnehmer in Kauf genommen werden. Oder ob das Event dezentral und digital stattfindet und darüber hinaus auch auf zusätzliches Veranstaltungsmaterial wie Flyer, Präsentationen und Tagungsunterlagen komplett verzichtet wird und man den Teilnehmern stattdessen alle Informationen per App zur Verfügung stellt.

Vom Projekt zur Community

Events entwickeln sich bereits jetzt schon durch die allgegenwärtige Nutzung von Social Media von einem einzelnen Projekt hin zu einer Community, die über einen längeren Zeitraum auf ein Event hinarbeitet. Was wir Ihnen in einem kurzen Abriss als Zuschauerreise vorgestellt haben, wird in Zukunft vielleicht sogar über ein ganzes Jahr laufen. Dabei wird die Zielgruppe immer wieder über verschiedene Kanäle mit Inhalten angespielt, zur Interaktion aufgerufen und in die Planung, beispielsweise mit Themenabfragen, miteinbezogen. Kleinere, vorgeschaltete Events, live oder digital, geben einen Vorgeschmack, bieten Möglichkeiten zur Beteiligung und arbeiten auf das gemeinsame Großevent hin.

Satelliten-Events

Mehr und mehr werden auch die digitalen Veranstaltungsmöglichkeiten dazu genutzt, sogenannte Satelliten-Events zu veranstalten. Hier findet ein großes Hauptevent statt, und weitere Standorte werden interaktiv dazugeschaltet.

Verschärfte Hygienekonzepte

Der Entwicklungsschub in der Event-Branche hin zu mehr digitalen Events geht aktuell ganz maßgeblich von den veränderten Rahmenbedingungen im Zuge der COVID-19-Pandemie aus. Das ist die eine Seite der Branche. Hier werden die gesetzlichen Einschränkungen, wie Versammlungsverbot oder Mindestabstände zwischen den Gästen, durch die dezentrale Durchführung von digitalen Events abgefangen und aufgehoben. Dazu werden bei der Entwicklung von digitalen Events Konzepte gerade komplett neu gedacht. Zentral ist dabei, sich nicht zu fragen: „Was dürfen wir noch machen?", sondern den Fokus auf die Überlegung zu legen: „Wie können wir es jetzt umsetzen?" Dabei die gewohnten Pfade und Arbeitsroutinen zu verlassen ist hart, arbeitsintensiv und beinhaltet für alle Beteiligten eine steile Lernkurve.

Nachdem mittlerweile klar ist, dass uns die besagten Einschränkungen noch länger begleiten werden, oder auch jederzeit wieder verschärft werden können, geht man auf der anderen Seite der Eventbranche mit einem anderen Ansatz an die Situation heran.

Hier entsteht aktuell eine neue Position im Eventbetrieb: der Hygienebeauftragte für die Veranstaltungswirtschaft. Hygieneplan und Hygienekonzept sind die zurzeit wichtigsten Bausteine für Live-Veranstaltungen und müssen, je nach Bundesland und aktueller Lage, flexibel angepasst werden. Dabei ist ein Hygienebeauftragter nicht nur als interner Qualitätssicherer, sondern auch als verantwortlicher Durchsetzer wichtiger Hygienebestimmungen bei einem Live-Event vor Ort im Einsatz.

Ein angemessenes Hygienekonzept ist selbstverständlich auch für die Durchführung von hybriden Events wichtig. Das Tragen eines Mundschutzes, leere Sitzplätze zwischen den Gästen und Einbahnstraßen auf dem Veranstaltungsgelände lassen sich auch mit einigem organisatorischen Aufwand umsetzen und die Einhaltung überwachen. Auf den Erlebnischarakter eines Events zahlen sie sicherlich nicht ein. Haben wir eingangs beschrieben, dass Emotionen, die Gestaltung von

Lagerfeuermomenten, Teilhabe und das Gefühl von Gemeinschaft wichtige Faktoren sind, um ein erfolgreiches Event zu gestalten, sehen wir in diesem Ansatz eher das Festhalten an alten Strukturen anstatt eine zukunftsorientierte Entwicklung.

30 *Digitale Events werden sich in Zukunft von einem einmaligen Projekt hin zu einer längerfristig im Austausch stehenden Community entwickeln. Dabei werden bei der Entscheidung für digitale Events vermehrt ökonomische und vor allem ökologische Faktoren eine Rolle spielen. Die Umsetzung strengerer Hygienekonzepte ist bis zu einem gewissen Grad sinnvoll, perspektivisch jedoch mehr ein Versuch, an alten Strukturen festzuhalten.*

6.2 Technische Trends

Einerseits entwickeln sich Events aus der realen Welt hin zu einer digitalen Form. Andererseits verbindet sich das Internet mehr und mehr mit realen Gegenständen und Begebenheiten. In vielen Fällen ist die Technik bereits so weit entwickelt, dass die Realität komplett ausgeblendet werden kann. Oder sollen wir sagen „könnte“? So verlockend die technischen Möglichkeiten auch sind, sie müssen zu dem Kommunikationsziel und der Zielgruppe Ihres Events passen und in letzter Konsequenz eine angemessene Form zum direkten Austausch bieten. Die Frage ist also nicht, ob digitale Innovationen ihren Einzug in zukünftige Events erhalten, sondern nur in welcher Form.

Beim Einsatz digitaler Hilfsmittel sollten Sie berücksichtigen: Kommunikation besteht nicht nur aus dem reinen Informationsaustausch, sondern passiert auf vielfältigen Ebenen. Gestik, Mimik, Stimme sind wesentliche Faktoren, die dazu beitragen, eine persönliche Beziehung zu unserem Gegenüber aufzubauen und damit eine Vertrauensbasis zu schaffen. Diese ist eine wichtige Grundlage, um Geschäfte zu machen oder Mitarbeiter zu führen, und sollte beim Einsatz von virtuellen Welten berücksichtigt werden.

Augmented und Virtual Reality

Mit der Augmented Reality ist ganz direkt übersetzt eine erweiterte Realität gemeint. Digitale Zusatzinformationen werden visuell aufbereitet und dreidimensional mit der Realität kombiniert und teilweise überlagert.

Sie nehmen die reale Welt wahr, werden aber mit ergänzendem Wissen versorgt. Zum Beispiel können bei einer Produktpräsentation Hintergrundinformationen angezeigt, Ihre Anreiseroute zur Tagung auf die VR-Brille eingespeist oder ein noch nicht haptisch existierender Prototyp als virtuelles 3-D-Model betrachtet werden.

Bisher konnten die Elemente der Augmented Reality per spezieller VR-Brille oder über das Smartphone angesehen werden. Diese Technik ist mittlerweile auch für virtuelle Events einsetzbar. Der Vorteil ist, dass die Teilnehmer tiefer in die präsentierte Welt eintauchen können. Allerdings ist die Einstiegshürde für die Teilnehmer etwas höher.

Bei der Virtual Reality hingegen werden nicht nur einzelne virtuelle Elemente in die Realität integriert, sondern der komplette Raum digital erstellt. Dabei wird die reale Welt ausgeblendet. Teilnehmer bewegen sich als Avatare durch die Räume und können miteinander interagieren.

Virtuelle Messen

Die Technik der Virtual Reality wird in der Eventbranche bereits für virtuelle Messen eingesetzt. Diese werden Präsenzmessen nicht komplett ersetzen, aber auf jeden Fall in Zukunft mehr und mehr ergänzen.
Ihr Vorteil liegt in den vielfältigen Möglichkeiten des Trackings der Besucher und damit verbunden in der optimierten Lead-Generierung. Mit Plattformen, wie der EXPO-IP, ist dies bereits ab ca. 6.000 Euro Plattformkosten pro Messe möglich.

Smart Glasses

Seit Anfang des Jahrzehnts gibt es bereits Smart Glasses. Sie projizieren Informationen ins Sichtfeld des Nutzers und sind kurz davor, massentauglich auf den Markt zu kommen.

Einmal eingeloggt, kann der Träger mit der Brille Fotos machen, Videos drehen, Textnachrichten verschicken oder E-Mails lesen. Darüber hinaus verschmelzen mit Smart Glasses unsere realen und virtuellen Welten miteinander und sie sind spätestens seit dem Pokémon-Go-Hype in der Realität angekommen.

Wenn die Apple Glasses als allgemeines Konsumprodukt auf den Markt kommen, werden die Besucher eines digitalen Events in Zukunft die Möglichkeit haben, direkt aus der Perspektive des Moderators an dem Event teilzunehmen. Das geht heute bereits mit smarten Brillen, beispielsweise von Microsoft.

360-Grad-Livestreaming

Um einen Live-Event fast hautnah mitzuerleben, muss man heute schon dank 360-Grad-Livestreaming nicht mehr physisch vor Ort sein. Einige Streaming-Plattformen wie YouTube oder Facebook lassen in Form von Echtzeit-Übertragungen das Streaming von 360-Grad-Inhalten zu, die, in Verbindung mit beispielsweise Google Cardboard oder Highend-VR-Devices, die Möglichkeit bieten, noch eine Dimension tiefer in ein virtuelles Event einzutauchen.

Die 360-Grad-Perspektive lässt sich auf allen Geräten abrufen, wobei sich der Anwender innerhalb des Videos drehen kann, um alles zu sehen, was im Moment der Aufnahme um die Kamera herum passiert. Damit kann der Teilnehmer selbst wählen, was er sich ansehen will.

Gerade bei Konzerten sind 360-Grad-Streams eine tolle Funktion, da sie dem externen Zuschauer eine Möglichkeit bieten, die Atmosphäre des Live-Events aufzunehmen, ins Publikum zu schweifen und die Location zu erkunden.
Bei stark inhaltlichen Veranstaltungen kann die freie Wahl des Zuschauers für den Veranstalter eine Herausforderung sein, den Fokus auf die zentralen Inhalte der Veranstaltung zu lenken.

30 ***Wir sehen die Entwicklung von digitalen Möglichkeiten in der Event-Branche nicht als Konkurrenz zu klassischen Events, sondern als eine Ergänzung und einen Anstoß zu einem Revival ausgewählter Live-Events.***

Denn:

- ***Weder digitale Events noch Live-Events werden aufgrund der veränderten Rahmenbedingungen in Zukunft alleine bestehen können. Digitale Events punkten auf der einen Seite durch ökonomische und ökologische Vorteile, wohingegen Live-Events einen Höhepunkt in unserer zunehmend digitalen Kommunikation und unserem Bedürfnis nach persönlichem Austausch darstellen werden.***

Fast Reader

1. Einführung digitale Events

Digitale Events bieten aktuell aufgrund der veränderten Rahmenbedingungen für Veranstaltungen einen großen Vorteil: Sie sind dezentral durchführbar und können gleichzeitig ein großes Publikum erreichen. Doch auch abseits von Social-Distance-Geboten und Hygienekonzepten bieten digitale Events aufgrund ihrer dezentralen Durchführungsweise eine Reihe von Vorteilen, mit denen sie auch in Zukunft eine wertvolle Alternative zu klassischen Live-Veranstaltungen darstellen.

- ***Digitale Events können von rein online und digital bis hin zu hybrid in unterschiedlichen Ausprägungen stattfinden.***
- ***Für einen echten Eventcharakter ist ein Onlinestream einem Videokonferenztool vorzuziehen.***

- ***Die Vorteile liegen in einer dezentralen und damit flexibleren Durchführung. Damit verbunden sind signifikante Kosteneinsparungen bei Location-Miete sowie Reise-, Hotel- und Cateringkosten.***
- ***Der CO_2-Ausstoß verringert sich durch die verzichtbaren Reisetätigkeiten um bis zu 85 %.***
- ***Nachteil: Weniger persönlicher Austausch muss in der Dramaturgie und Gestaltung des Events besonders berücksichtigt und an die digitalen Möglichkeiten angepasst werden.***

2. Dramaturgie und Zuschauerreise

Bei diesem neuen Eventformat können bestehende Event-Muster nicht einfach eins zu eins in die digitale Welt übertragen werden. Teilnehmer sollten vor, während und nach dem digitalen Event eng begleitet und Programmteile an die veränderten Rahmenbedingungen und Sehgewohnheiten der Teilnehmer angepasst werden. Die Gestaltung der Event-Dramaturgie und der Zuschauerreise hat als Ziel, größtmögliche Nähe und Emotionen bei den Teilnehmern untereinander und zu der Veranstaltung herzustellen.

- ***Um Nähe und Verbundenheit zu schaffen, muss das Event eine Story erzählen, auf die alle weiteren Bausteine einzahlen.***
- ***Das Programm sollte dem Onlinemedium angepasst und abwechslungsreich gestaltet werden. Viele kleine Informationshappen in einem Methodenmix mit z. B. Interaktion, Filmeinspieler oder Infotainment-Parts präsentiert, halten die Aufmerksamkeit über einen längeren Zeitraum hoch.***
- ***Veranstalter sollten die Teilnehmer bereits vor dem Event zu ihrer Zuschauerreise abholen und bis nach dem Event eng begleiten, um die Teilnehmer möglichst intensiv emotional in das Event zu involvieren, technisch einzubinden und ggf. Digital Immigrants abzuholen.***

3. Moderation und Interaktion

Je mehr sich die Teilnehmer wahrgenommen fühlen und einen spürbaren Einfluss auf das Geschehen haben, desto höher wird ihr Involvement in das digitale Event und seine Inhalte sein. Dazu sind eine auf das digitale Publikum ausgerichtete Moderation und das Einbinden von möglichst vielfältigen Interaktionsmöglichkeiten die zwei wesentlichen Elemente.

- ***Eine digitale Moderation ermöglicht über den inhaltlichen Part hinaus, den Onlinezuschauern Gehör zu verschaffen und sie zur Interaktion anzuregen. Dazu sollte der Input der Teilnehmer über den Chat berücksichtigt sowie Hilfestellungen bei technischen Problemen und die Anleitung und Anregung zur Nutzung der verschiedenen Interaktionstools gegeben werden.***
- ***Abwechslung sorgt für erhöhte Aufmerksamkeit.***
- ***Gemeinsame Aktionen emotionalisieren und schaffen ein Gemeinschaftsgefühl.***
- ***Die eingesetzten Tools sollten in erster Linie einfach zu bedienen und ohne vorherigen Downloads nutzbar sein.***

4. Optik des digitalen Events

Ziel der optischen Ausgestaltung Ihres digitalen Events ist es, Nestwärme, Professionalität und Wiedererkennung bei den Zuschauern zu schaffen. Dabei sollten die technischen Möglichkeiten nicht unbedingt bis ins Letzte ausgeschöpft werden. Um authentisch rüberzukommen, empfiehlt es sich eher, Schlüssellochmomente zu zeigen, anstatt durch eine künstliche Hightech-Optik als zu steril wahrgenommen zu werden.

Sie haben verschiedene technische Gestaltungsspielräume bei:

- ***der Wahl Ihrer Streaming-Location. Perfektion wirkt unnahbar. Wählen Sie daher Ihre Streamingzentrale bewusst aus und sorgen Sie für spannende Symbiosen von Online- und Offlinewelt.***
- ***dem Einsatz von Greenscreens. Hier können Sie der Fantasie freien Lauf lassen. Aber Achtung: Der Greenscreen sollte professionell eingesetzt werden. Nutzen Sie lieber eine weiße Wand als einen schlechten Greenscreen.***
- ***klassischen Gestaltungselementen aus dem Fernsehen, wie Logos und Bauchbinden. Sie sorgen für Wiedererkennungswert.***

30

5. Technische Gesamtumsetzung

Die Technik ist die Basis Ihres digitalen Events und basiert auf einem gut abgestimmten Dreiklang von Streaming-Dienstleister, Chatfunktion und den online zugeschalteten Zuspielern. Bei der Wahl der entsprechenden Anbieter sollte der Fokus auf einer stabilen Performance und Schnittstellenkompatibilität zu allen weiteren Elementen liegen.

Für einen technisch sauberen Durchlauf empfiehlt es sich darüber hinaus,

- ***aufgrund der Komplexität von digitalen Events frühzeitig eine sehr enge Zusammenarbeit zwischen Projektleitung und technischer Leitung aufzubauen,***
- ***für eine gute Streaming-Qualität zu sorgen, also nach Möglichkeit auf gute Hardware anstatt schnelle und einfache Software zu setzen,***
- ***dem oft vernachlässigten Ton Priorität einzuräumen. Denn ohne guten Ton ist die schönste Bildübertragung nichts wert. Und***
- ***an allen wichtigen Stellen Backup-Möglichkeiten einzuplanen. Das Internet ist bei aller Planung und Vorbereitung weniger berechenbar, als Sie denken.***

6. Die Zukunft von Events

Digitale Events werden Live-Events ebenso wenig verdrängen, wie Live-Events in Zukunft ohne digitale Elemente stattfinden werden. Der Schwerpunkt wird sich jedoch verschieben. Events werden sich von einem Projekt hin zu einer Community entwickeln, die intensiv über einen längeren Zeitraum mit den Themen des Events interagiert und dadurch an der Gestaltung eines zentralen Highlight-Events beteiligt sein wird.

Die technischen Entwicklungen, wie Virtual Reality oder 360-Grad-Livestreaming, sind rasant und haben bereits Einzug in die Eventbranche gehalten. Ihr Einsatz wird nur dann von einer technischen Spielerei zu einem erfolgreichen Event-Tool werden, wenn sie auf das Kommunikationsziel des Events einzahlen und zur Zielgruppe passen.

In Zukunft werden Events zudem:
- ***aus ökologischen Gründen vermehrt digital stattfinden,***
- ***als Live-Event zumindest auch gestreamt werden,***
- ***mehr technische Elemente aus dem Bereich der Augmented und Virtual Reality integrieren und***
- ***als reale Messen durch virtuelle Messen ergänzt werden.***

Weiterführende Literatur

- Betz, Hitzler, Niederbacher, Schäfer (Hrsg.): Hybride Events. Zur Diskussion zeitgeistiger Veranstaltungen. Springer Gabler, 2017

- Dams, Luppold, Stefan: Hybride Events. Zukunft und Herausforderung für Live-Kommunikation. Springer Gabler, 2016

- Jekel, T.: Online Meetings. GABAL Verlag, 2020

- Passecker, P.: Erfolgsmessung von Offline-, Online- und Hybrid-Events. epubli GmbH, 2014

- Sumiala, J.: Hybrid Media Events. Emerald Group Publishing, 2018 (Englisch)

- Zanger, C.: Ein Überblick zu Events im Zeitalter von Social Media. Springer Gabler, 2014

Die Autoren

Ralf Schmitt ist Geschäftsführer der Impulspiloten GmbH, die Experten für unkonventionelle Business-Events, live, digital und hybrid. Gemeinsam mit Thorsten Jekel haben die Impulspiloten bereits unzählige digitale und hybride Events konzipiert und umgesetzt.

Kontakt:
Impulspiloten GmbH
Herlingsburg 6-10
22529 Hamburg
Telefon: 040 – 41425886
E-Mail: info@impulspiloten.de
Internet: www.impulspiloten.de, www.hybrideevents.de

Thorsten Jekel ist als IT-Unternehmer, Autor und Speaker DER Experte für Digital Working. Seit über 30 Jahren unterstützt Thorsten Jekel Menschen und Unternehmen bei der produktiven Nutzung neuer IT-Technologien. Seit 2010 ist er einer der Pioniere bei der technischen Konzeption und Umsetzung von digitalen Events.

Kontakt:
Thorsten Jekel – jekel & team
Immanuelkirchstraße 37
10405 Berlin
Telefon: 030-44017299
E-Mail: t.jekel@jekelteam.de
Internet: www.jekelteam.de, www.thorsten-jekel.de

Melanie Eschle ist selbstständig im Kultur- & Projektmanagement tätig und betreut bei den Impulspiloten als freie Mitarbeiterin den Bereich Marketing, PR und Social Media. Sie ist Autorin des Buchs „Brand Lands als Erlebniswelten".

Kontakt
Melanie Eschle – ElbKultur
Telefon: 0176-32065427
E-Mail: info@elbkultur.com
Internet: www.elbkultur.com

Thorsten Jekel hilft Unternehmen dabei, Technik einfach zu nutzen.

Gern erhalten Sie Unterstützung bei folgenden Themen:

- Auswahl der für Sie passenden IT-Systeme und Services
- Schulung von Führungskräften und Vertriebsorganisationen in der Nutzung von IT
- Beratung und Training für die produktive Nutzung des iPads
- Vorträge bei Kick-off-Veranstaltungen, Vertriebstagungen und Kongressen
- Konzeption und Durchführung von Online-Live-Streaming-Formaten

Sie erreichen Thorsten Jekel am besten per E-Mail unter t.jekel@jekelteam.de

jekel & team, Immanuelkirchstraße 37, 10405 Berlin

www.jekelteam.de

Register